计算机硬件维修丛书

笔记本电脑使用、维护与故障排除实战

王红军 等编著

机 械 工 业 出 版 社

本书由资深计算机硬件工程师精心编写，讲解了笔记本电脑的结构及性能测试、上网设置及无线网组件、硬盘分区管理、提高 Windows 系统运行速度、优化 Windows 系统注册表、笔记本电脑安全加密、备份与恢复笔记本电脑系统、笔记本电脑数据恢复、笔记本 BIOS 设置、笔记本电脑系统恢复与重装、笔记本电脑驱动程序安装及设置、笔记本电脑日常维护保养方法、笔记本电脑系统故障维修、笔记本电脑上网与组网故障维修实战、笔记本电脑死机及蓝屏故障维修实战、笔记本电脑病毒和木马故障维修实战。

本书每章都配有多个任务和实例，采用图解的方式讲解，避免了纯理论讲解的枯燥，提高书籍的实用性和可阅读性，使读者不但可以掌握笔记本电脑的日常使用、维护方法，还可以从故障维修实战中积累维修经验，提高实战技能。

本书由浅入深、案例丰富、图文并茂、易学实用，不仅可以作为从事笔记本电脑维修工作的专业人员的工作手册，而且可以作为普通笔记本电脑用户或企业中负责电脑维护的工作人员的指导用书，同时也可作为大、中专院校相关专业及培训机构师生的参考书。

图书在版编目（CIP）数据

笔记本电脑使用、维护与故障排除实战/王红军等编著 . —北京：机械工业出版社，2018.5
（计算机硬件维修丛书）
ISBN 978-7-111-59803-9

Ⅰ. ①笔…　Ⅱ. ①王…　Ⅲ. ①笔记本计算机-使用方法②笔记本计算机-维修　Ⅳ. ①TP368.32

中国版本图书馆 CIP 数据核字（2018）第 088361 号

机械工业出版社（北京市百万庄大街 22 号　邮政编码 100037）
策划编辑：王海霞　　责任编辑：王海霞
责任校对：张艳霞　　责任印制：张　博
三河市国英印务有限公司印刷

2018 年 6 月第 1 版·第 1 次印刷
184mm×260mm · 13.5 印张 · 320 千字
0001—3000 册
标准书号：ISBN 978-7-111-59803-9
定价：45.00 元

前　言

笔记本电脑出现故障，不是因为软件方面出现故障，就是因为硬件方面出现问题，要不就是因为无法上联网或者数据丢失。本书讲解了笔记本电脑性能测试、上网设置及无线网组建、分区管理、系统优化、安全加密、系统备份与恢复、常见故障诊断与排除等，掌握这些方法足以让读者在使用笔记本电脑时"高枕无忧"。

本书写作目的

作为一名笔记本电脑维修从业人员，笔者发现很多用户在遇到一些非常简单的故障时却手足无措，编写本书的目的在于让读者了解笔记本电脑的使用、维护及故障排除方法，掌握笔记本电脑故障的基本处理技能，而不必"病急乱投医"。

本书主要内容

本书共 16 章，内容包括：笔记本电脑的结构及性能测试、上网设置及无线网组建、硬盘分区管理、提高 Windows 系统的运行速度、优化 Windows 系统注册表、笔记本电脑安全加密、备份与恢复笔记本电脑系统、笔记本电脑数据恢复、笔记本 BIOS 设置、笔记本电脑系统恢复与重装、笔记本电脑驱动程序安装及设置、笔记本电脑日常维护保养、笔记本电脑系统故障修复、笔记本电脑上网与组网故障维修实战、笔记本电脑死机及蓝屏故障维修实战、笔记本电脑病毒和木马故障维修实战。

本书特色

1. 知行合一

本书采用"知识储备+实战"的模式展开描述，理论知识和实战案例相结合，读者可以根据需要进行选择性阅读。知识讲解部分采用问答形式进行编写，具有较强可读性；实战案例部分采用任务驱动模式缩写，又融合了理论知识，理论和实践融会贯通。

2. 思路清晰

笔者针对各品牌笔记本电脑的日常维护和维修需要，总结了维护、维修方法和思路，这些方法和思路凝聚了笔者多年的实战经验，读者可以在遇到问题时根据提供的方法和思路"抽丝剥茧"，找到答案，也可以查找实战案例，寻求解决办法。

3. 实操图解

本书实战案例以笔记本电脑实操为背景，以大量实操图片配合文字讲解，系统地讲解各种笔记本电脑应用及维修技能，既生动形象，又简单易懂，让读者一看就懂。

本书适合的阅读群体

本书适合以下几类读者阅读。

- 从事笔记本电脑维修工作的专业人员。

- 普通笔记本电脑用户。
- 企业中负责电脑维护工作的人员。
- 大、中专院校相关专业及培训机构的师生。

除署名作者外，参加本书编写的人员还有王红明、马广明、丁凤、韩佶洋、多国华、多国明、李传波、杨辉、贺鹏、连俊英、孙丽萍、张军、张宝利、高宏泽、刘冲、丁珊珊、尹学凤、屈晓强、韩海英、程金伟、陶晶、高红军、付新起、多孟琦、韩琴、王伟伟、刘继任、尹腾蛟、田宏强、齐叶红等。

由于编者水平有限，书中难免出现遗漏和不足之处，恳请社会业界同人及读者朋友提出宝贵意见。

编者

目　　录

第 **1** 章

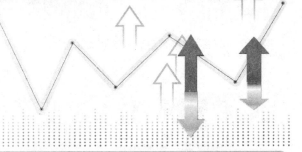

笔记本电脑的结构及性能测试

学习目标

1. 了解笔记本电脑的内部构造
2. 了解笔记本电脑各种接口的功能
3. 掌握查看笔记本电脑配置的方法
4. 掌握笔记本电脑的测试方法

学习效果

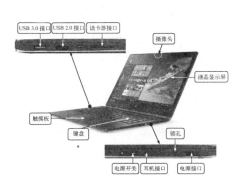

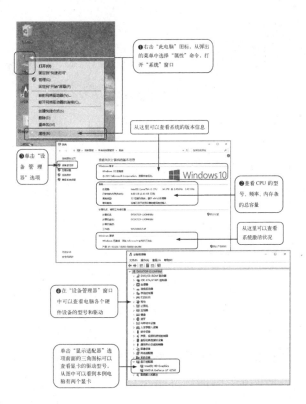

1.1　知识储备

笔记本电脑以其轻便小巧、便于携带等特点，越来越多地受到人们的青睐。如今，笔记本电脑供用户选择的品种非常多，有全内置、光软互换、超轻薄、宽屏等，但不管是何种类型的笔记本电脑，其基本结构都大同小异。

▨▨ 1.1.1　从外到内透视笔记本电脑的结构

笔记本电脑由于机体较小及组件搭配不同，其结构相对于台式机有很大的差异，即使同一个品牌的同一个系列，也可能因为结构上的改进而有所差别。

■ **问答 1**：笔记本电脑在外观上与台式电脑有什么区别？

笔记本电脑从外观上看主要分为三大部分，一部分是液晶显示屏，它是笔记本电脑最主要的输出设备；另一部分是主机，它整合了很多部件，也是最复杂的部分；第三部分是外壳，它包裹和保护着笔记本电脑的所有部件。笔记本电脑的外部结构如图 1-1 所示（以联想 YOGA 笔记本电脑为例），下面着重介绍笔记本电脑的外壳。

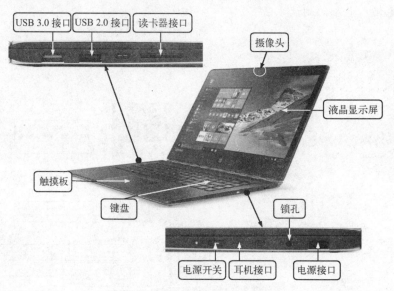

图 1-1　笔记本电脑外部结构示例

笔记本电脑外壳的作用主要表现在"保护、散热、美观"三个方面，最主要的功能是起保护作用。笔记本电脑在使用过程中，会不可避免地受到一些外力的冲击，如果笔记本电脑的外部材质不够坚硬，就有可能造成屏幕变形，甚至缩短屏幕的使用寿命。另外，笔记本电脑内部结构紧凑，里面的 CPU、硬盘、主板都是发热的主要设备，如果不能及时地散热，电脑就可能会死机，严重时还会引起内部元器件损坏。

■ **问答 2**：笔记本电脑的内部有哪些部件？

笔记本电脑的内部结构比较复杂，主要部件包括主板、硬盘、光驱、接口、CPU、内存、电池等，如图 1-2 所示（以 ThinkPad 笔记本电脑为例）。

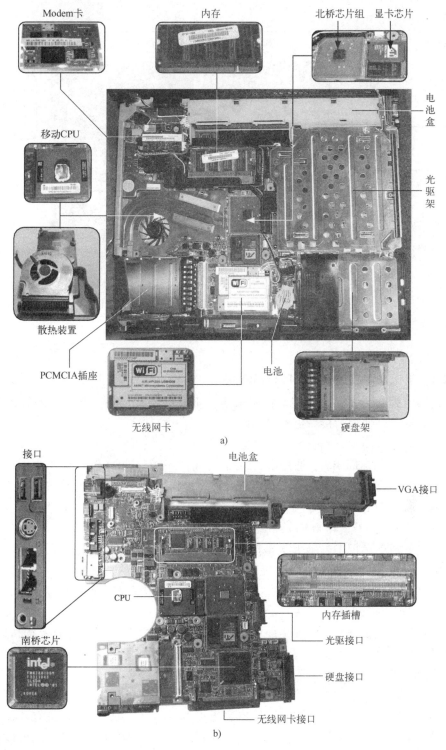

图1-2 笔记本电脑内部结构

a）笔记本电脑内部各部件 b）笔记本电脑主板正面

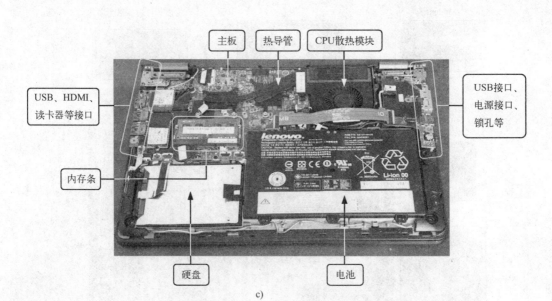

c)

图1-2 笔记本电脑内部结构（续）

c）笔记本电脑主板背面

问答3：笔记本电脑的各种接口有何特点？

在笔记本电脑的侧面有许多接口，用来连接不同的外置设备。不同的外置设备由于用途、特点不一样，其使用的接口也不尽相同。

1. USB 接口

USB（Universal Serial Bus，通用串行总线"）接口使用一个4针插头作为标准插头，通过这个标准插头，可以采用菊花链形式把所有外设连接起来，并且不会损失带宽。

笔记本电脑中的 USB 接口主要包括 USB 2.0、USB 3.0 和 USB-C 接口三种，它们的传输速度分别为 480 Mbit/s、4800 Mbit/s、10 Gbit/s。

USB 接口是目前笔记本电脑上最常用的接口之一，目前大多外接设备，如 U 盘、移动硬盘、鼠标、手机等，都是通过 USB 接口和笔记本电脑连接的。USB 接口不需要单独的供电系统，而且支持热插拔，省去了开、关机的麻烦，USB 接口有自己的保留中断，因此 USB 设备不会出现 IRQ 冲突问题。

USB 接口的特点是速度快、连接简单快捷、无须外接电源、有不同的带宽和连接距离、支持多设备连接及良好的兼容性等。图1-3所示为 USB 接口。

2. 耳机音频接口

耳机音频接口是笔记本电脑上的声音接口。笔记本电脑耳机音频接口一般包括耳机麦克风二合一接口、Mic_in（麦克风输入）接口和 Lin_out（音频输出）接口，有些娱乐型笔记本电脑还带有 Line-in（线性输入插口）和 S/PDIF（数字音频信号）接口，可以提供音质更好的数字音频信号。图1-4所示为音频接口。

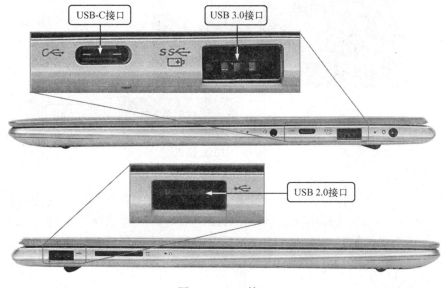

图 1-3　USB 接口

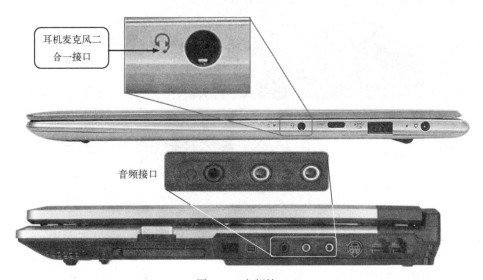

图 1-4　音频接口

3. HDMI 接口

　　HDMI（High Definition Multimedia Interface，高清晰度多媒体接口）应用数字化视频/音频接口技术，可同时传送音频和影像信号，最高数据传输速度为 5 Gbit/s。HDMI 不仅可以满足 1080P 的分辨率，还能支持 DVD Audio 等数字音频格式，支持八声道 96 kHz 或立体声 192 kHz 数码音频传送。由于还支持 EDID、DDC2B，因此具有 HDMI 的设备具有"即插即用"的特点，信号源和显示设备之间会自动进行"协商"，自动选择最合适的视频/音频格式。目前，电视机、液晶显示器等都配备此接口。图 1-5 所示为笔记本电脑上的 HDMI 接口。

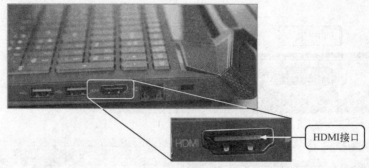

图 1-5　HDMI 接口

4. RJ-45 接口

RJ-45 接口是以太网接口，几乎所有笔记本电脑都会配备此接口，支持 100 Mbit/s 和 1000 Mbit/s 自适应的网络连接速度。但是在已经上市的某些"超极本"中，厂商就舍去了这个接口。不得不说的是，去掉 RJ-45 接口只是照顾到了少部分人的使用习惯，或者说只是因为笔记本电脑厂商想尽可能地把"超极本"做得更薄，而在国内，RJ-45 接口的配备还是非常有必要的。图 1-6 所示为 RJ-45 接口。

图 1-6　RJ-45 接口

5. 读卡器接口

笔记本电脑的读卡器接口主要用来读取常用的存储卡，如 SD 卡、MMC 卡、MS 卡、xD 卡等。用户可以直接将存储卡插入读卡器跟电脑相连。使用时拔掉自带的防尘塑料卡，然后插入存储卡就可以使用了。一般手机内存卡 TF 卡需要使用 SD 卡的卡套才能插入使用。图 1-7 所示为笔记本电脑的读卡器接口。

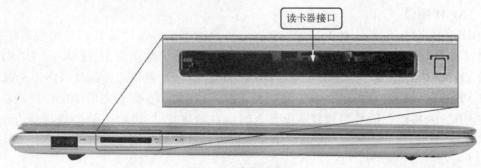

图 1-7　读卡器接口

6. 笔记本电脑锁孔

笔记本电脑锁孔用来连接电脑锁,锁住笔记本电脑,防止笔记本电脑被盗。电脑锁是一根一头带有不锈钢锁的 6 ft（1 ft＝0.3048 m）长的钢索,使用时将钢索一头圈绕在柱子或其他稳固物件上,另一头卡在笔记本电脑的锁孔内锁住即可,如图 1-8 所示。

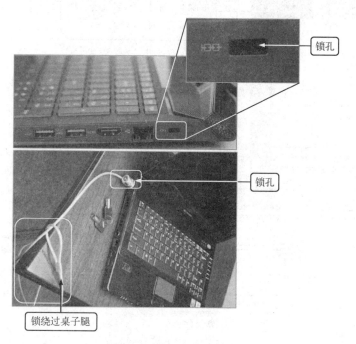

锁孔

锁孔

锁绕过桌子腿

图 1-8 笔记本电脑锁孔

1.1.2 查看笔记本电脑的配置

用户买电脑时最关心的就是电脑配置问题,所买的电脑是否和商家介绍的一样,是否是想象中的配置或是否被人换过硬件都是用户很关心的问题,所以买回电脑之后首先要做的就是查看一下自己电脑的配置。有很多用户还不知道怎么看电脑配置,下面介绍查看电脑配置的具体方法。

问答 1:如何在系统中查看笔记本电脑的硬件配置?

在电脑的"系统"窗口就可以查看笔记本电脑的基本配置,比如电脑的系统版本以及CPU 的相关信息等。

不过,在"系统"窗口中只能查看部分配置,进入设备管理器可以查看所有硬件配置信息以及驱动是否安装。具体查看方法如图 1-9 所示（以 Windows 10 为例）。

问答 2:如何通过"鲁大师"查看笔记本电脑的硬件配置?

首先安装鲁大师测试软件（可以从鲁大师网站下载软件）,然后运行"鲁大师"程序,查看笔记本电脑的硬件配置,如图 1-10 所示。

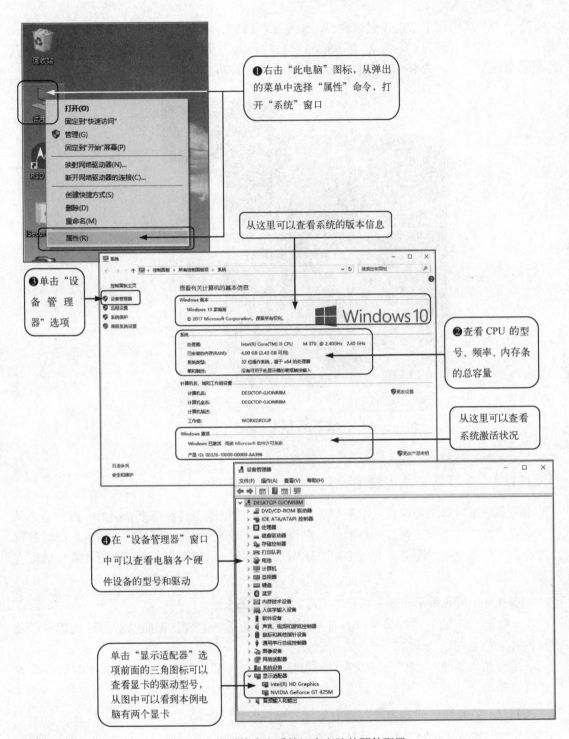

图 1-9 在系统中查看笔记本电脑的硬件配置

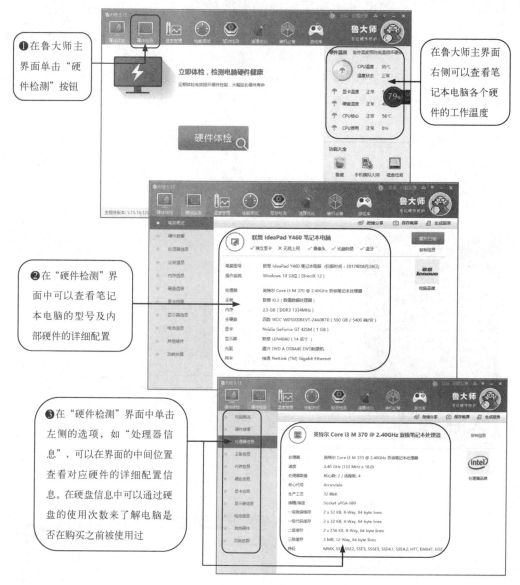

❶在鲁大师主界面单击"硬件检测"按钮

在鲁大师主界面右侧可以查看笔记本电脑各个硬件的工作温度

❷在"硬件检测"界面中可以查看笔记本电脑的型号及内部硬件的详细配置

❸在"硬件检测"界面中单击左侧的选项，如"处理器信息"，可以在界面的中间位置查看对应硬件的详细配置信息。在硬盘信息中可以通过硬盘的使用次数来了解电脑是否在购买之前被使用过

图 1-10　通过鲁大师查看笔记本电脑的硬件配置

1.2 实战：全面测试笔记本电脑

在购买笔记本电脑后，用户很有必要给自己的笔记本电脑进行一次全面的测试。只有在专业检测软件的帮助下，才能知道笔记本电脑配置的"真实身份"，并且也只有通过测试，才能发现笔记本电脑可能存在的隐患，比如液晶显示屏（简称液晶屏）是否有坏点、暗点或亮点等。

1.2.1　任务1：测试笔记本电脑液晶屏的坏点

液晶屏是笔记本电脑的一个重要部件，液晶屏一旦有问题，将影响笔记本电脑的正常使用，所以在购买时，最好对笔记本电脑的液晶屏进行彻底的检测。

笔记本电脑液晶屏的测试项目主要有显示亮度和对比度以及整块液晶屏亮度的均匀度、颜色的纯正程度、坏点的个数（国家标准是小于3个）等。其中，坏点测试是液晶屏测试的重点。

笔记本电脑液晶屏的测试可以采用写字板测试法和软件测试法等。

1. 写字板测试法

写字板测试法是利用写字板的白色背景来查看笔记本电脑液晶屏是否正常，具体测试方法如图1-11所示。

❶选择"开始→Windows附件→写字板"命令，启动"写字板"程序

❷双击"写字板"程序中的"主页"选项卡，收起工具面板

❸用鼠标在桌面上随意慢慢拖动写字板，尽量将每一块都能经过，仔细查看拖动到的地方是否有"坏点"。然后在不同亮度下分别查看整个屏幕的亮度是否均匀，要特别注意四角和边框部分，一般中央亮度正常而四角偏暗的情况较多

图1-11　用写字板测试法测试液晶屏

小知识：什么是液晶屏"坏点"

笔记本电脑的液晶屏由两块玻璃板构成，厚约1 mm，中间是厚约5 μm（1/1000 mm）

的水晶液滴，均匀间隔开，包含在细小的单元格结构中，每三个单元格构成屏幕上的一个像素，在放大镜下呈现方格状。一个像素即为一个光点，针对每个光点，都有独立的晶体管来控制其电流的强弱，如果该点的晶体管坏掉，就会造成该光点永远点亮或不亮，这就是所谓的亮点或暗点，统称为"坏点"。图 1-12 所示为液晶屏的坏点。

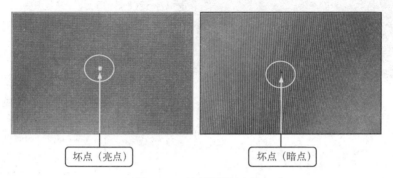

图 1-12　液晶屏的坏点

2. 软件测试法

专业的液晶屏测试软件，一般都可以检测笔记本电脑液晶屏的色彩、响应时间、文字显示效果、有无"坏点"等。液晶屏测试软件比较多，如 Nokia Monitor Test 测试软件、鲁大师等，下面以鲁大师为例讲解（鲁大师主要测试液晶屏的坏点和文字显示效果）具体操作方法。

液晶屏测试方法如图 1-13 所示。

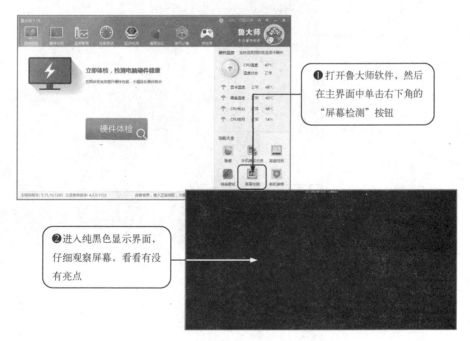

图 1-13　用软件测试法测试液晶屏

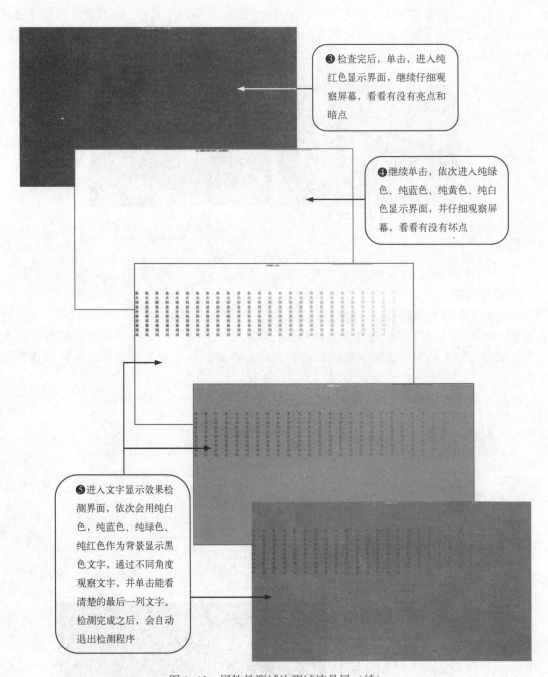

❸检查完后，单击，进入纯红色显示界面，继续仔细观察屏幕，看看有没有亮点和暗点

❹继续单击，依次进入纯绿色、纯蓝色、纯黄色、纯白色显示界面，并仔细观察屏幕，看看有没有坏点

❺进入文字显示效果检测界面，依次会用纯白色，纯蓝色、纯绿色、纯红色作为背景显示黑色文字，通过不同角度观察文字，并单击能看清楚的最后一列文字。检测完成之后，会自动退出检测程序

图 1-13　用软件测试法测试液晶屏（续）

1.2.2　任务2：测试笔记本电脑的整体性能

如果用户不知道自己的笔记本电脑性能如何，对笔记本电脑基本情况也不了解，很多人都会使用测试软件对笔记本电脑进行检测。很多用户都只是听说过鲁大师，但不知道怎么用鲁大师进行跑分，下面将介绍怎么使用鲁大师跑分。

笔记本电脑硬盘的测试主要包括性能测试和坏道测试两个方面。以鲁大师为例，对笔记本电脑硬盘性能的测试如图1-14所示。

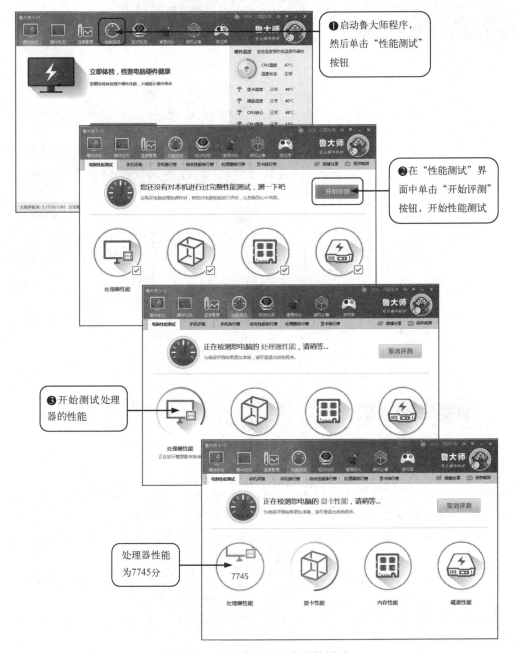

图1-14　笔记本电脑硬盘性能测试

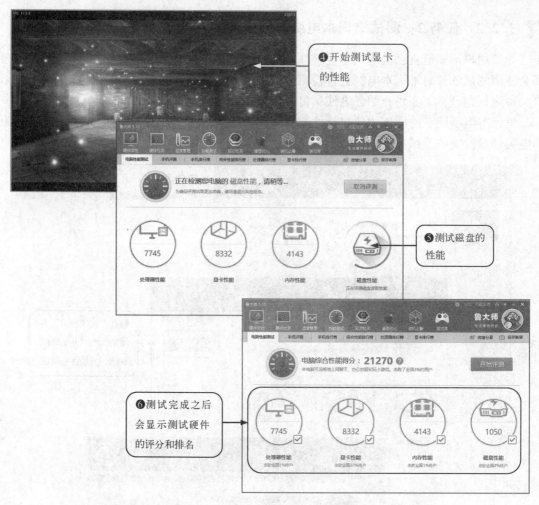

图 1-14　笔记本电脑硬盘性能测试（续）

1.3　高手经验总结

经验一：如果想粗略地了解笔记本电脑的基本配置，打开"系统"窗口，就可以查看 CPU 信息、内存信息、系统信息等。

经验二：如果想了解笔记本电脑各个硬件的驱动程序，在"设备管理器"窗口中可以详细了解各个硬件设备的详细信息。

经验三：如果想详细了解笔记本电脑的详细配置，可以使用鲁大师等测试软件，可以了解到硬件的型号、厂商、参数、使用情况等详细信息。

经验四：对于新购买的笔记本电脑，一般通过查看硬盘的使用次数来了解所购买的笔记本电脑是否是"二手"的。新笔记本电脑硬盘的使用次数应该为 1 次。

经验五：对于新购买的笔记本电脑，通常要测试一下液晶屏的坏点，如果坏点超过规定的数值，就需要联系厂家更换。

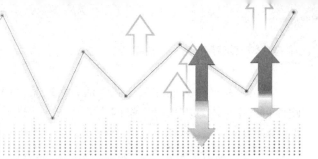

第2章

笔记本电脑上网设置及无线网组建

 学习目标

1. 掌握网线的制作方法
2. 掌握 modem 拨号连接建立方法
3. 掌握无线路由器设置方法
4. 掌握家庭无线网络的组建方法

 学习效果

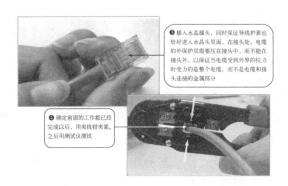

❸ 插入水晶插头，同时保证导线护套也恰好进入水晶头里面，在接头处，电缆的外保护层需要压在接头中，而不能在接头外，以保证电缆受到外界的拉力时受力的是整个电缆，而不是电缆和接头连接的金属部分

❹ 确定前面的工作都已经完成以后，用夹线钳夹紧，之后用测试仪测试

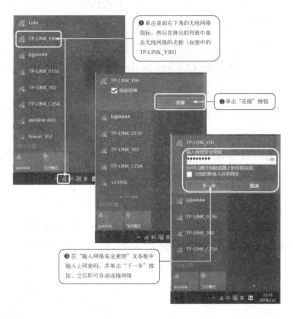

❶ 单击桌面右下角的无线网络图标，然后在弹出的列表中单击无线网络的名称（如图中的 TP-LINK_YJH）

❷ 单击"连接"按钮

❸ 在"输入网络安全密钥"文本框中输入上网密码，并单击"下一步"按钮，之后即可自动连接网络

目前网络已与人们的工作和生活紧密联系，但要想让计算机上网，就必须先设置相关的硬件和程序。本章将通过讲解网线的制作、宽带上网、组网等，帮助读者掌握上网和组网的方法和技巧。

2.1 知识储备

计算机网络是利用通信设备和线路将不同地理位置的、功能独立的多个计算机系统互联起来，以功能完善的网络软件（网络通信协议、网络操作系统等）实现网络资源共享和信息传递的系统。它的功能主要表现在两个方面，一是实现资源共享（包括硬件资源和软件资源的共享）；二是用户之间交换信息。

■ 问答 1：计算机网络有哪些种类？

按覆盖的地理范围的大小，计算机网络一般分为广域网（WAN）、城域网（MAN）和局域网（LAN）。其中，局域网是指在一个较小地理范围内将各种计算机网络设备互联在一起形成的通信网络，局域网可以包含一个或多个子网，通常局限在周围几千米的范围之内。

■ 问答 2：什么是计算机网络通信协议？

网络通信协议是对数据格式和计算机之间交换数据时必须遵守的规则的正式描述，它的作用和人的语言的作用一样。网络通信协议主要有 Ethernet（以太网）、NetBEUI、IPX/SPX 以及 TCP/IP。其中，TCP/IP（传输控制协议/网际协议）是开放系统互联协议中最早的通信协议之一，也是目前应用最广的协议，能实现各种不同计算机系统之间的联接和通信。

■ 问答 3：什么是计算机网络的拓扑结构？

拓扑结构是指网络中各个站点（文件服务器工作站）相互连接的形式。现在最主要的拓扑结构有总线型、星形、环形以及混合型。顾名思义，总线型就是将文件服务器和工作站都连在一条称为总线的公共电缆上，且总线两端必须有终结器；星形拓扑则是以一台设备作为中央连接点，各工作站都与它直接相连；环形拓扑就是所有站点彼此串行连接，像链子一样构成一个环形回路；混合型就是把上述三种最基本的拓扑结构混合起来运用。

■ 问答 4：什么是 IP 地址？

IP 地址用来标识网络中的一个个通信实体，比如一台主机，或者路由器的某个端口。在基于 IP 的网络中传输的数据包都必须使用 IP 地址进行标识，如同人们写一封信要标明收信人的通信地址和发信人的地址，而邮政工作人员则通过该地址来决定邮件的去向。

目前，IP 地址使用 32 位二进制数据表示，而为了方便记忆，通常使用以点号分隔的十进制数据表示，例如 192.168.0.1。IP 地址主要由两部分组成，一部分用于标识该地址所属网络的网络号；另一部分用于指明该网络上某个特定主机的主机号。

为了给不同规模的网络提供必要的灵活性，IP 地址的设计者将 IP 地址空间划分为 A、B、C、D、E 5 个不同的地址类别，具体如下所述。其中，A、B、C 三类 IP 地址最为常用。

A 类地址：可以拥有很大数量的主机，最高位为 0，紧跟的 7 位表示网络号，其余 24 位表示主机号，总共允许有 126 个网络。

B 类地址：被分配到中等规模和大规模的网络中，最高两位为 10，允许有 16 384 个网络。

C 类地址：用于局域网，高三位被置为 110，允许有大约 200 万个网络。

D 类地址：用于多路广播组用户，高四位被置为 1110，余下的位用于标明客户机所属的组。

E 类地址：仅供试验的地址。

2.2　实战：上网与组网

下面将通过多个实战案例讲解利用笔记本电脑上网和组网的方法。

2.2.1　任务 1：动手制作网线

网线有直通线（568B）和交叉线（568A）两种。

直通线两端线序一样，从左至右的线序为白橙、橙、白绿、蓝、白蓝、绿、白棕、棕。直通线主要用于网卡与集线器、网卡与交换机、集线器与交换机、交换机与路由器等之间的连接。

交叉线一端为正线的线序，另一端从左至右线序为白绿、绿、白橙、蓝、白蓝、橙、白棕、棕。交叉线主要用于网卡与网卡、交换机与交换机、路由器与路由器等之间的连接。

网线的制作步骤如图 2-1 所示。

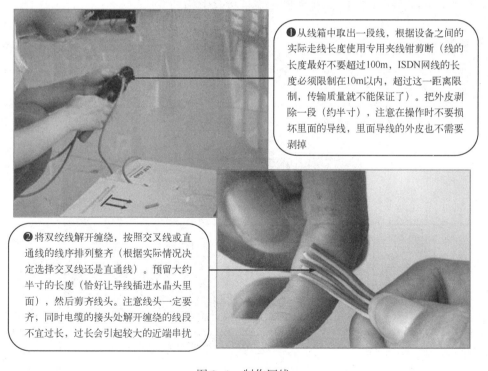

❶ 从线箱中取出一段线，根据设备之间的实际走线长度使用专用夹线钳剪断（线的长度最好不要超过100m，ISDN网线的长度必须限制在10m以内，超过这一距离限制，传输质量就不能保证了）。把外皮剥除一段（约半寸），注意在操作时不要损坏里面的导线，里面导线的外皮也不需要剥掉

❷ 将双绞线解开缠绕，按照交叉线或直通线的线序排列整齐（根据实际情况决定选择交叉线还是直通线）。预留大约半寸的长度（恰好让导线插进水晶头里面），然后剪齐线头。注意线头一定要齐，同时电缆的接头处解开缠绕的线段不宜过长，过长会引起较大的近端串扰

图 2-1　制作网线

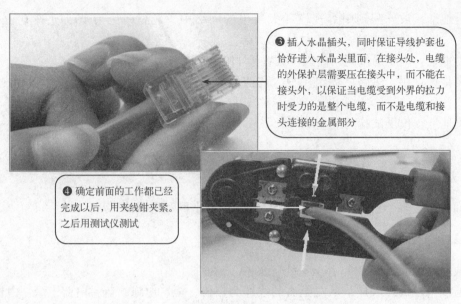

❸ 插入水晶插头，同时保证导线护套也恰好进入水晶头里面，在接头处，电缆的外保护层需要压在接头中，而不能在接头外，以保证当电缆受到外界的拉力时受力的是整个电缆，而不是电缆和接头连接的金属部分

❹ 确定前面的工作都已经完成以后，用夹线钳夹紧。之后用测试仪测试

图 2-1　制作网线（续）

2.2.2　任务 2：通过宽带拨号上网实战

目前国内的宽带网网络运营商主要有网通、移动、宽带通、长城、歌华、方正等，提供的网络带宽一般为 10~100 Mbit/s，用户一般需要通过 PPPoE 拨号来连接这些宽带网。本小节将重点讲解 Windows 7/8/10 系统中通过宽带拨号上网的方法。

专家提示

有些宽带网（如光纤宽带等）需要连接宽带猫才能拨号上网。宽带猫的连接方法如图 2-2 所示。

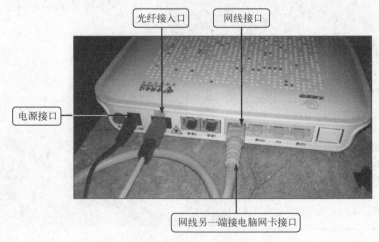

光纤接入口　　网线接口

电源接口

网线另一端接电脑网卡接口

图 2-2　宽带猫的连接

Windows 7/8/10 操作系统中拨号网络的创建方法如图 2-3 所示（这里以 Windows 10 系统为例）。

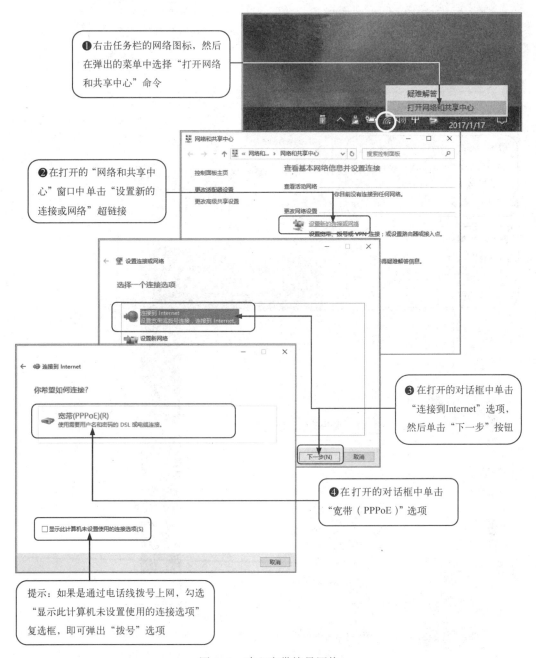

图 2-3　建立宽带拨号网络

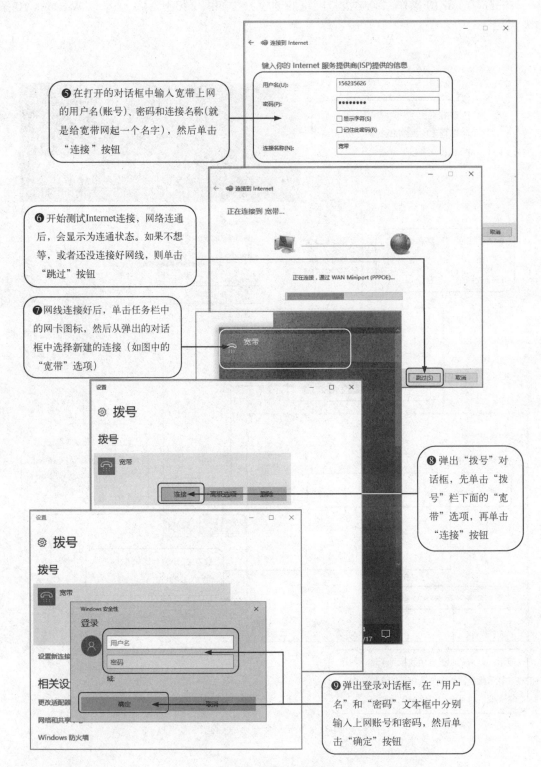

❺ 在打开的对话框中输入宽带上网的用户名(账号)、密码和连接名称(就是给宽带网起一个名字），然后单击"连接"按钮

❻ 开始测试Internet连接，网络连通后，会显示为连通状态。如果不想等，或者还没连接好网线，则单击"跳过"按钮

❼ 网线连接好后，单击任务栏中的网卡图标，然后从弹出的对话框中选择新建的连接（如图中的"宽带"选项）

❽ 弹出"拨号"对话框，先单击"拨号"栏下面的"宽带"选项，再单击"连接"按钮

❾ 弹出登录对话框，在"用户名"和"密码"文本框中分别输入上网账号和密码，然后单击"确定"按钮

图 2-3 建立宽带拨号网络（续）

2.2.3 任务 3：通过公司固定 IP 地址上网实战

有的公司网络中已经组建了一个内部局域网，用户必须按照指定的 IP 地址上网，这时需要公司提供一个 IP 地址，然后将笔记本电脑的 IP 地址设置好，才可通过网线连接上网。设置 IP 地址的方法如图 2-4 所示（以 Windows 10 系统为例）。

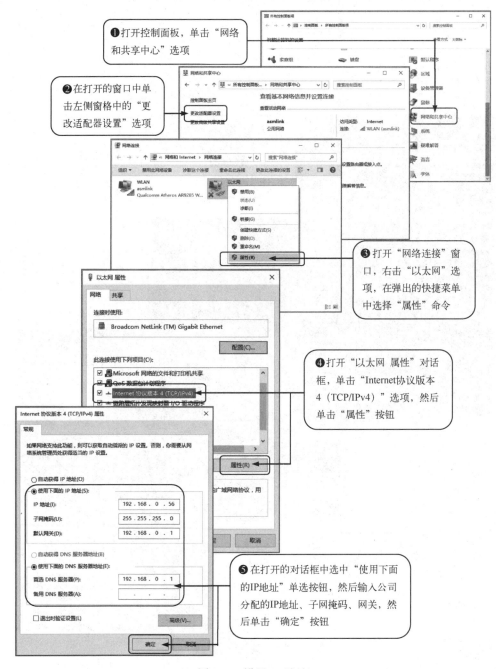

图 2-4 设置 IP 地址

2.2.4 任务4: 通过无线 WiFi 上网实战

现在家里、饭店、酒店等很多地方都有无线 WiFi, 只要在无线 WiFi 的信号范围内（无线 WiFi 信号一般由无线路由器发出），就可以连接无线网。

通过无线 WiFi 上网的方法如图 2-5 所示。

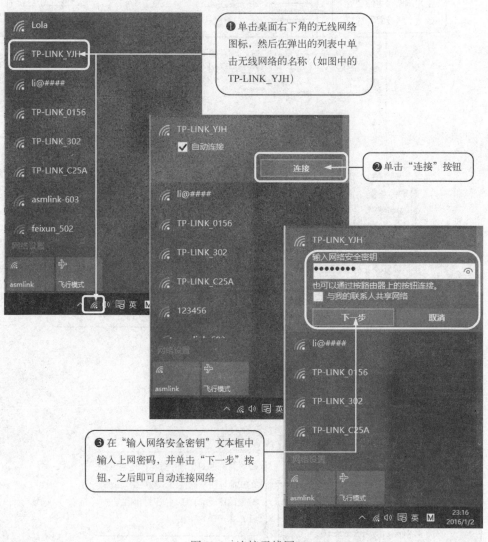

① 单击桌面右下角的无线网络图标，然后在弹出的列表中单击无线网络的名称（如图中的 TP-LINK_YJH）

② 单击"连接"按钮

③ 在"输入网络安全密钥"文本框中输入上网密码，并单击"下一步"按钮，之后即可自动连接网络

图 2-5　连接无线网

2.2.5 任务5：家庭无线网络组网实战

由于通过网线组建网络时需要将网线连接到各个设备，走线会破坏房间布局，且手机/平板电脑无法上网，因此可考虑通过组建无线网络实现多台电脑及手机/平板电脑共同上网。组建家庭无线网络主要用到无线网卡（每台电脑一块，笔记本电脑、手机和平板电脑等通常已内置无线网卡）、无线宽带路由器、宽带 Modem（并非必需）等设备。

家庭无线网络的连接示意图如图 2-6 所示。

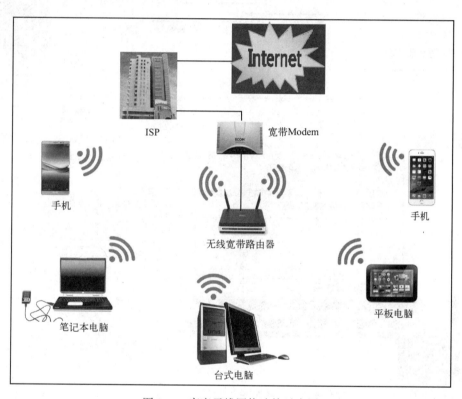

图 2-6　家庭无线网络连接示意图

🐛 **专家提示**

对于没有无线网卡的台式电脑，可以通过网线直接连接到无线路由器（无线路由器通常提供 4 个网线接口）。

组建家庭无线网络的方法如图 2-7 所示（以 TP-LINK 品牌路由器为例）。

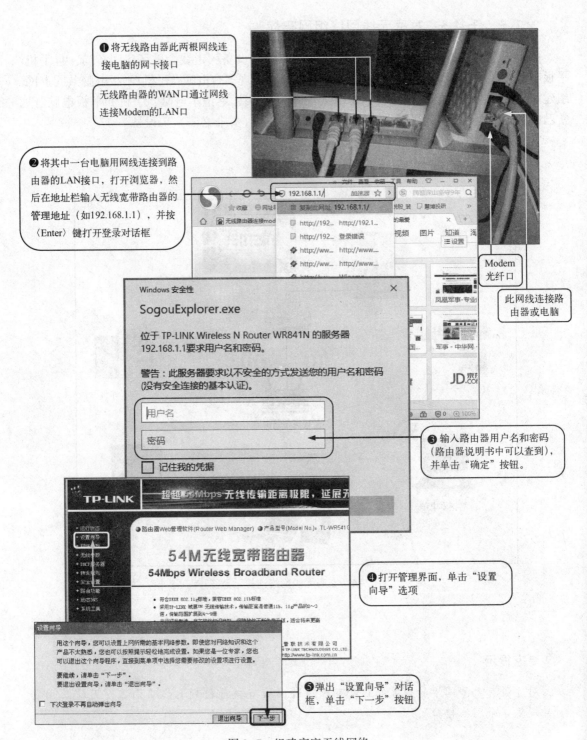

图 2-7　组建家庭无线网络

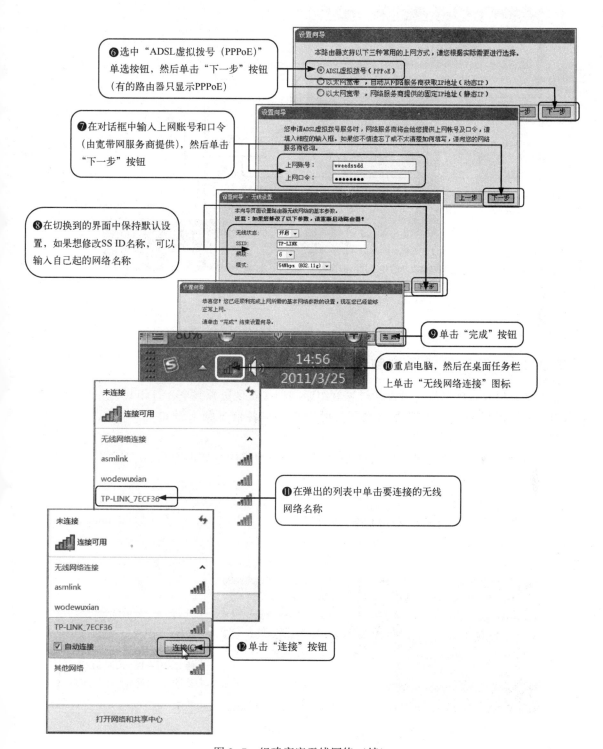

图 2-7　组建家庭无线网络（续）

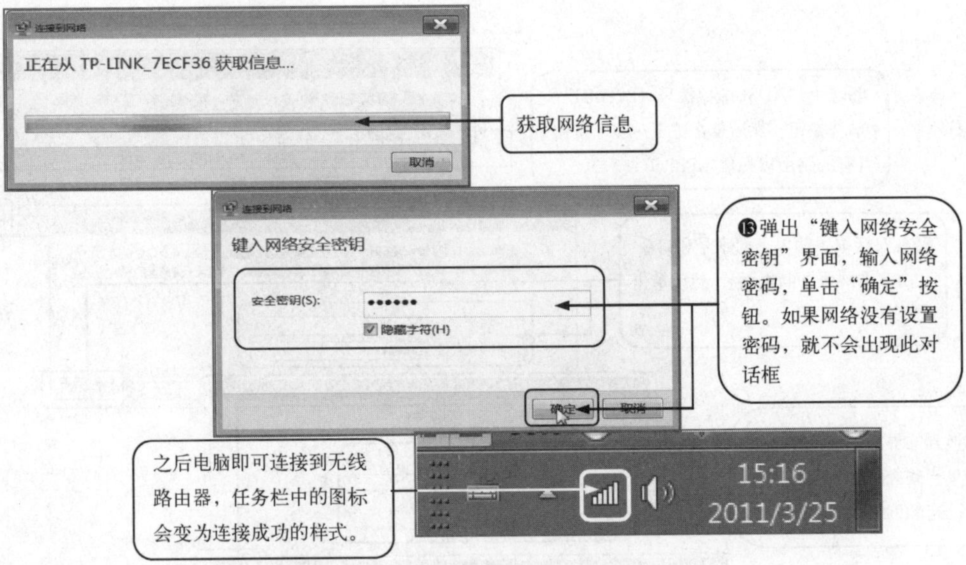

图 2-7　组建家庭无线网络（续）

2.2.6　任务6：多台电脑通过家庭组联网实战

如果家里有多台电脑，可以通过家庭组组网连接实现资源共享、打印共享等服务。如果家里或公司已经通过无线路由器联网，可以直接在各台电脑上设置共享资源，实现资源共享。

将多台电脑联网的前提是各台电脑已经在一个网络中，要共享资源，还需要建立家庭组，下面详细讲解操作方法。

1. 创建家庭组网络

首先在任何一台电脑中对电脑网络进行设置，如图 2-8 所示（以 Windows 10 系统为例）。

图 2-8　家庭组网络设置

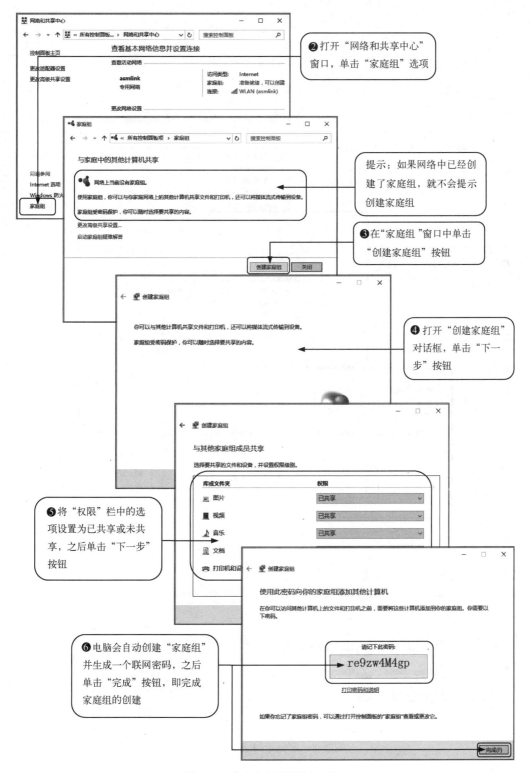

图 2-8　家庭组网络设置（续）

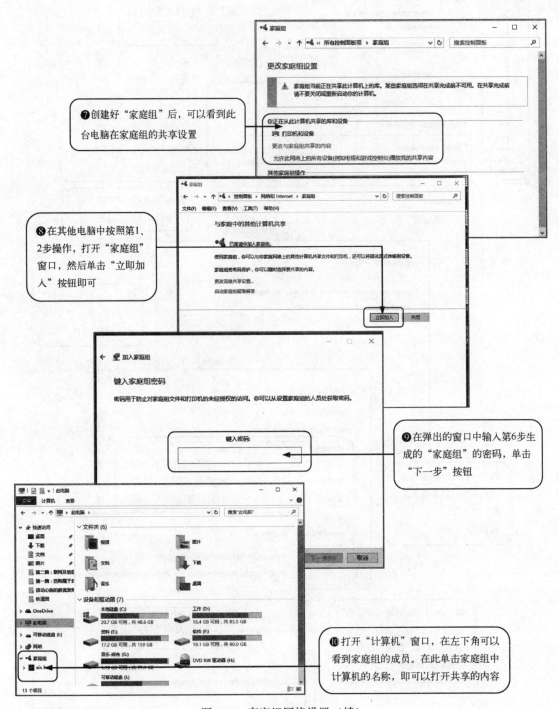

❼创建好"家庭组"后，可以看到此台电脑在家庭组的共享设置

❽在其他电脑中按照第1、2步操作，打开"家庭组"窗口，然后单击"立即加入"按钮即可

❾在弹出的窗口中输入第6步生成的"家庭组"的密码，单击"下一步"按钮

❿打开"计算机"窗口，在左下角可以看到家庭组的成员。在此单击家庭组中计算机的名称，即可以打开共享的内容

图 2-8　家庭组网络设置（续）

2. 如何将文件夹共享

将文件夹设置共享之后，同一局域网中的电脑用户就可以查看或编辑该文件夹。将文件夹共享的方法如图 2-9 所示（以 Windows 10 系统为例）。

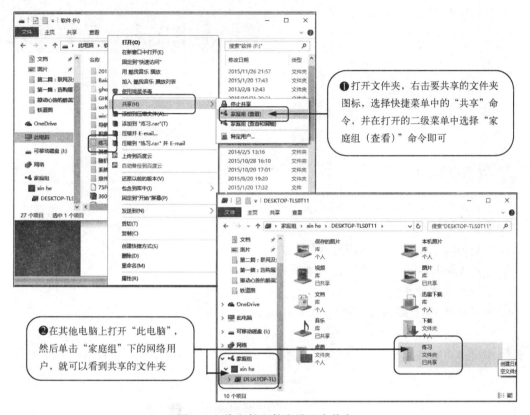

❶打开文件夹，右击要共享的文件夹图标，选择快捷菜单中的"共享"命令，并在打开的二级菜单中选择"家庭组（查看）"命令即可

❷在其他电脑上打开"此电脑"，然后单击"家庭组"下的网络用户，就可以看到共享的文件夹

图 2-9　将文件文件夹设置为共享

专家提示

如果想编辑共享的文件夹，则在上述第 1 步设置中选择"家庭组（查看和编辑）"命令即可。

2.3　高手经验总结

经验一：制作网线时，首先要确保线的排列顺序正确。在最后夹水晶头时，可多夹几次，确保所有线接触良好。

经验二：目前多数宽带网都是通过拨号联网的，拨号连接的创建方法全部相同，都是创建宽带 PPPoE。

经验三：无线 WiFi 发展很快，很多家庭都配备了无线路由器，这样可以解决电脑、手机、平板电脑同时上网的问题，还可以满足智能家居的联网需求，所以对于无线路由器的设置方法一定要掌握。

第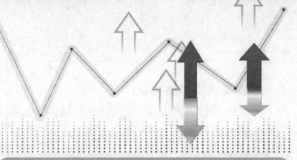章

笔记本电脑硬盘分区管理

1. 掌握笔记本电脑硬盘分区的方法
2. 掌握对超大硬盘和的分区方法
3. 掌握 DiskGenius 分区程序的操作方法
4. 掌握 Windows 分区程序的操作方法
5. 掌握格式化硬盘的技巧
6. 掌握创建 GPT 格式的方法

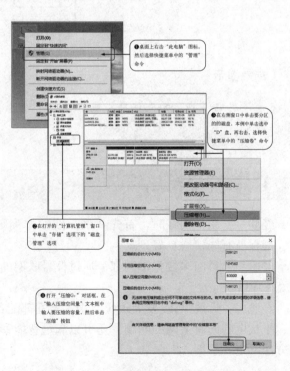

❶桌面上右击"此电脑"图标，然后选择快捷菜单中的"管理"命令

❸在右侧窗口中单击要分区的的磁盘，本例中单击选中"D"盘，再右击，选择快捷菜单中的"压缩卷"命令

❷在打开的"计算机管理"窗口中单击"存储"选项下的"磁盘管理"选项

❹打开"压缩G:"对话框，在"输入压缩空间量"文本框中输入要压缩的容量，然后单击"压缩"按钮

选择"硬盘"菜单中的"转换分区表类型为GUID格式"命令

单击"确定"按钮，即可将硬盘格式转换为GPT格式

由于硬盘在出厂时并没有分区和激活，因此分区、格式化是使用硬盘的第一步。且硬盘格式化和分区是电脑维修中经常用到的操作。本章将重点讲解如何对硬盘进行分区和格式化。

3.1　知识储备

硬盘分区就是将一个物理硬盘通过软件划分为多个区域，即将一个物理硬盘分为多个盘，如 C 盘、D 盘、E 盘等。

3.1.1　什么是硬盘分区

问答 1：硬盘为何要分区？

硬盘由生产厂商生产出来后并没有进行分区和激活，用户在使用前必须先进行分区和激活硬盘的活动分区。另外，现在的硬盘容量都很大，将硬盘分成多个分区，一方面方便管理硬盘中存放的文件，如图 3-1 所示；另一方面可以将操作系统和重要文件分别安装和存放在不同的分区（操作系统通常安装在 C 区），以便更好地保护重要文件，同时也有助于快速安装操作系统。

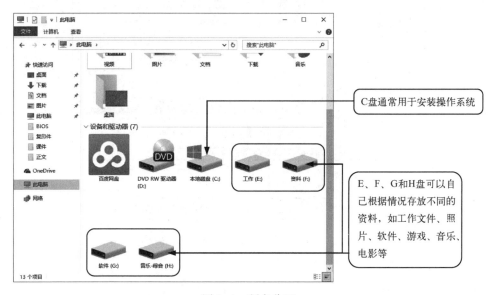

图 3-1　硬盘分区

问答 2：何时对硬盘进行分区

对硬盘进行分区时会把硬盘中存放的东西全部删掉，所以不能随便对硬盘进行重新分区，以免电脑中的重要文件数据在分区时被删掉而造成不可挽回的后果。

需要进行硬盘分区的情况有下述 3 种。

（1）未使用过的新硬盘。

（2）认为现在的硬盘分区不是很合理时。比如，笔记本电脑出厂时只分了1个或2个分区，其中D盘容量特别大，分区数量太少，不便于日常的文件管理，需要调整硬盘分区的数量和容量。

（3）硬盘引导区感染病毒。

除以上3种情况外，一般都不需要对硬盘进行分区。

问答3：如何规划硬盘分区个数与容量

硬盘分区的个数没有统一标准，用户可以把一个硬盘分为系统盘、软件盘、游戏盘、工作盘等，可以完全根据自己的想法大胆计划。每个分区的容量也没有统一的规定，除C盘外，其他盘大小可以完全随意。因为C盘多用于安装操作系统，相对比较重要，一般操作系统约占1~16 GB的空间，应用软件、游戏约占1~20 GB不等，之后再装软件、游戏还要占不少空间，平时运行大的程序还会产生许多临时文件，因此C盘容量建议不要太小，建议设置为50 GB左右。图3-2所示为硬盘各分区的容量示例。

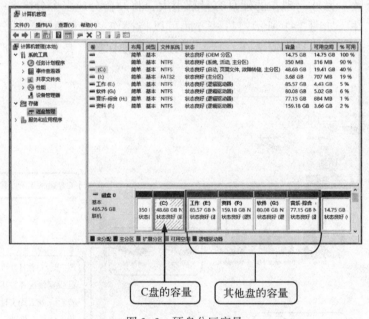

图3-2　硬盘分区容量

3.1.2　超大硬盘与一般硬盘的分区方法有何区别

问答1：2 TB以上大硬盘需要采用什么分区表格式?

由于MBR分区表定义每个扇区为512 B，磁盘寻址32 bit地址，所能访问的磁盘容量最大是2.19 TB（232 * 512 B），因此对于2.19 TB以上的硬盘，MBR分区表就无法全部识别了。因此从Windows 7、Windows 8开始，为了解决硬盘限制的问题，增加了GPT（Globally Unique Identifier Partition Table Format，全局唯一标示磁盘分区表格式）格式。GPT分区表采用8 B（即64 bit）来存储扇区数，最大可支持264个扇区。同样按每扇区512 B容量计算，每个分区的最大容量可达 9.4ZB（即 94 亿 TB）。

GPT 还有另一个名字叫作 GUID 分区表格式，在许多磁盘管理软件中都能够看到这个名字。另外，GPT 也是 UEFI 所使用的磁盘分区格式。

GPT 分区的一大优势就是可以针对不同的数据建立不同的分区，同时为不同的分区创建不同的权限。就如其名字一样，GPT 能够保证磁盘分区的 GUID 唯一性，所以 GPT 不允许将整个硬盘进行复制，从而保证了磁盘内数据的安全性。

GPT 分区的创建或者更改其实并不麻烦，使用 Windows 自带的磁盘管理功能或者 Disk-Genius 等磁盘管理软件就可以轻松地将硬盘转换成 GPT（GUID）格式（注意转换之后硬盘中的数据会丢失），转换之后就可以在超大硬盘上正常存储数据了。

■ 问答 2：什么操作系统才能支持 GPT 分区？

GPT 分区的超大数据盘能不能做系统盘？当然可以，这里需要借助一种先进的 UEFI BIOS 和更高级的操作系统。各种系统对超大硬盘的支持情况如表 3-1 所示。

表 3-1　各个操作系统对 GPT 分区的支持情况

操 作 系 统	数据盘是否支持 GPT 分区	系统盘是否支持 GPT 分区
Windows XP 32 bit	不支持 GPT 分区	不支持 GPT 分区
Windows XP 64 bit	支持 GPT 分区	不支持 GPT 分区
Windows Vista 32 bit	支持 GPT 分区	不支持 GPT 分区
Windows Vista 64 bit	支持 GPT 分区	GPT 分区需要 UEFI BIOS
Windows 7 32 bit	支持 GPT 分区	不支持 GPT 分区
Windows 7 64 bit	支持 GPT 分区	GPT 分区需要 UEFI BIOS
Windows 8 64 bit	支持 GPT 分区	GPT 分区需要 UEFI BIOS
Windows10 32 bit	支持 GPT 分区	GPT 分区需要 UEFI BIOS
Windows10 64 bit	支持 GPT 分区	GPT 分区需要 UEFI BIOS
Linux	支持 GPT 分区	GPT 分区需要 UEFI BIOS

如表 3-1 所示，如想识别完整的超大硬盘，用户应使用 Windows 7/8/10 等高级的操作系统。对于早期的 32 位版本的 Windows 7 操作系统，GPT 格式化硬盘可以作为从盘，划分多个分区，但是无法作为系统盘。64 位 Windows 7 以及 Windows 8/10 操作系统赋予了 GPT 格式 2 TB 以上容量硬盘全新功能，GPT 格式硬盘可以作为系统盘。它不需要进入操作系统通过特殊软件工具去解决，而是通过主板的 UEFI BIOS 在硬件层面彻底解决。

■ 问答 3：使用什么工具创建 GPT 分区？

为硬盘创建 GPT 分区的工具不少，下面介绍一个工具软件——DiskGenius 软件。DiskGenius 是一款集磁盘分区管理与数据恢复功能于一身的工具软件。它不仅具备与分区管理有关的几乎全部功能，还支持 GUID 分区表，支持各种硬盘、存储卡、虚拟硬盘、RAID 分区，提供了独特的快速分区、整数分区等功能。DiskGenius 是一款常用的磁盘工具，用来转换硬盘模式也是非常简单的。首先运行 DiskGenius 程序，然后选中要转换格式的硬盘，再按照图 3-3 所示的方法操作即可。

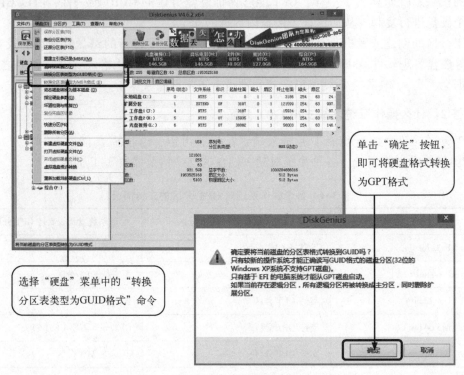

单击"确定"按钮，即可将硬盘格式转换为GPT格式

选择"硬盘"菜单中的"转换分区表类型为GUID格式"命令

图 3-3　将硬盘格式转换为 GPT 格式

3.2　实战：硬盘分区和高级格式化

硬盘分区是安装操作系统的第一步，调整好硬盘分区的大小，对日后的使用是一个良好的开始。有些工具软件支持小硬盘分区，而不支持大硬盘分区，但支持大硬盘分区的工具软件都支持小硬盘分区，因此下面以超大硬盘为例讲解硬盘分区和高级格式化的操作方法。

3.2.1　任务 1：为笔记本电脑多分几个分区

用户最近新买的一台笔记本电脑，只有 C 和 D 两个磁盘，D 盘占好几百吉字节的容量，想多分几个盘出来，但是很多用户不会分区，有的去下载分区软件，有的会请高手帮忙，甚至花钱请专业人员给分区。其实没有这么麻烦，Windows 系统本身就具有这种分区功能，下面详细讲解（以 Windows 10 系统为例），如图 3-4 所示。

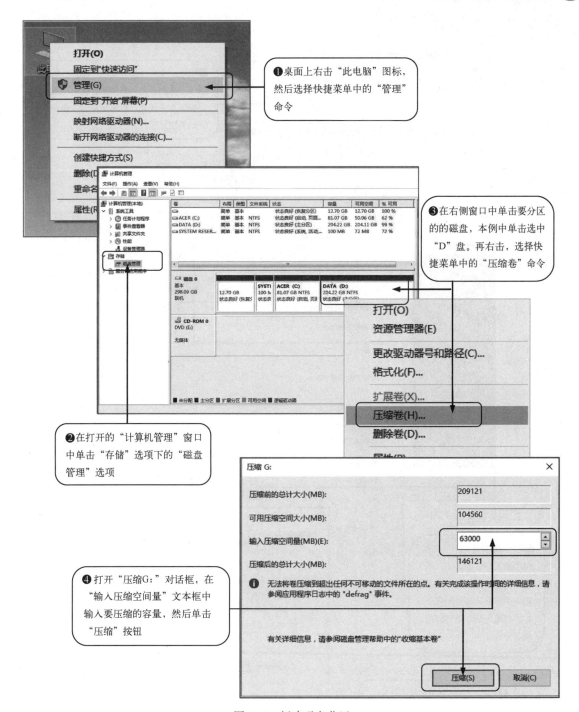

图 3-4　新建磁盘分区

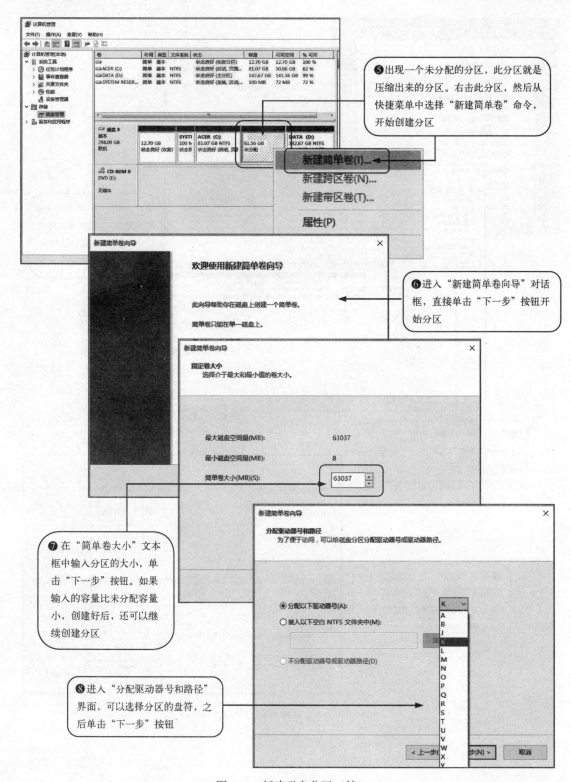

图 3-4 新建磁盘分区（续）

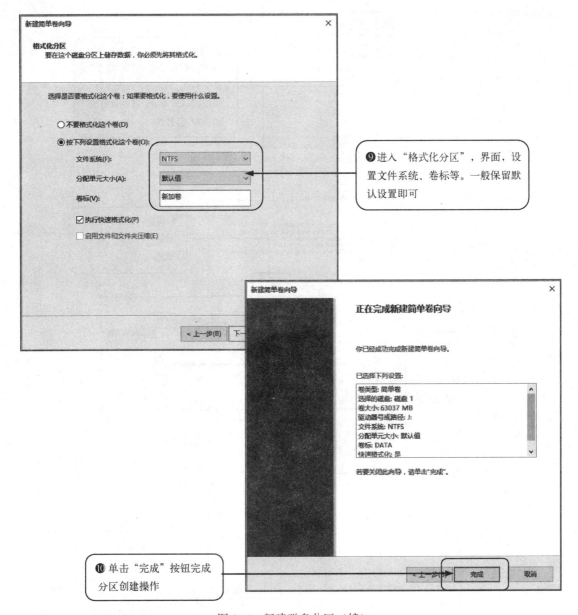

图 3-4　新建磁盘分区（续）

3.2.2　任务 2：使用 DiskGenius 为超大硬盘分区

首先从网上下载分区软件 DiskGenius 并复制到 U 盘中，然后用启动盘启动到 Windows PE 系统，接着运行 DiskGenius 分区软件，如图 3-5 所示。

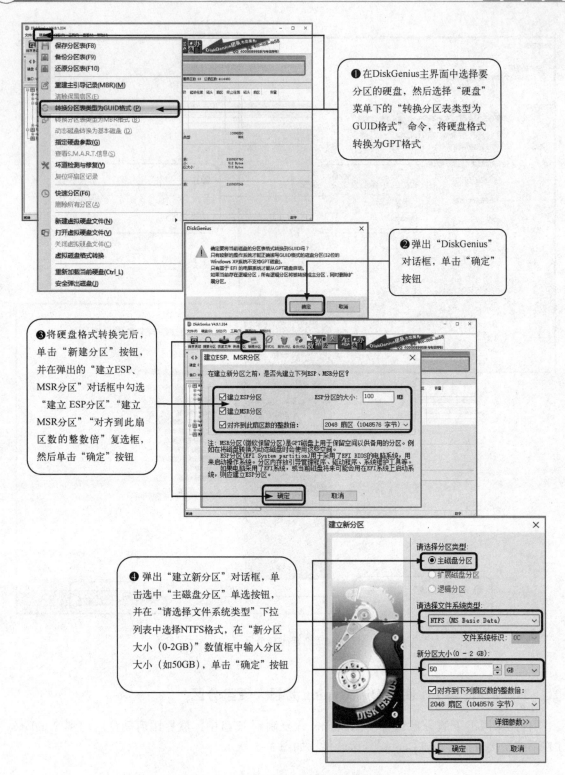

❶ 在DiskGenius主界面中选择要分区的硬盘，然后选择"硬盘"菜单下的"转换分区表类型为GUID格式"命令，将硬盘格式转换为GPT格式

❷ 弹出"DiskGenius"对话框，单击"确定"按钮

❸ 将硬盘格式转换完后，单击"新建分区"按钮，并在弹出的"建立ESP、MSR分区"对话框中勾选"建立 ESP分区""建立MSR分区""对齐到此扇区数的整数倍"复选框，然后单击"确定"按钮

❹ 弹出"建立新分区"对话框，单击选中"主磁盘分区"单选按钮，并在"请选择文件系统类型"下拉列表中选择NTFS格式，在"新分区大小（0-2GB）"数值框中输入分区大小（如50GB），单击"确定"按钮

图 3-5　用 DiskGenius 为超大硬盘分区

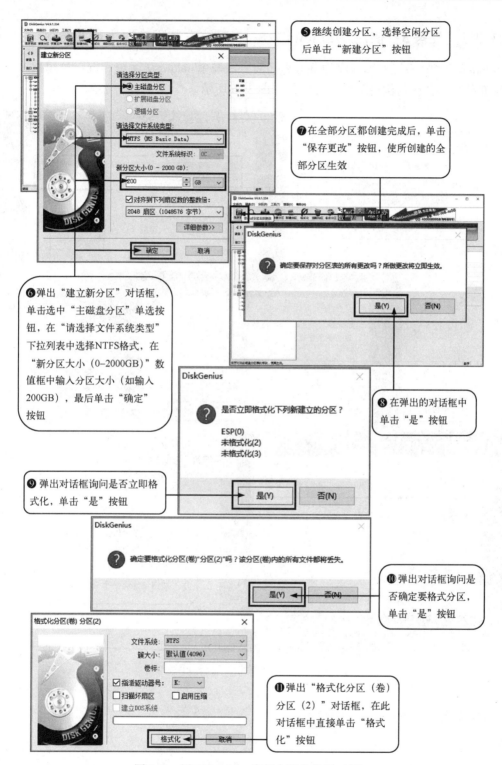

❺ 继续创建分区，选择空闲分区后单击"新建分区"按钮

❼ 在全部分区都创建完成后，单击"保存更改"按钮，使所创建的全部分区生效

❻ 弹出"建立新分区"对话框，单击选中"主磁盘分区"单选按钮，在"请选择文件系统类型"下拉列表中选择NTFS格式，在"新分区大小（0–2000GB）"数值框中输入分区大小（如输入200GB），最后单击"确定"按钮

❽ 在弹出的对话框中单击"是"按钮

❾ 弹出对话框询问是否立即格式化，单击"是"按钮

❿ 弹出对话框询问是否确定要格式分区，单击"是"按钮

⓫ 弹出"格式化分区（卷）分区（2）"对话框，在此对话框中直接单击"格式化"按钮

图 3-5　用 DiskGenius 为超大硬盘分区（续）

👥 3.2.3　任务3：使用 Windows 7/8/10 系统安装程序对大硬盘分区

Windows 8/10 系统安装程序的分区界面和方法与 Windows 7 系统相同，这里以 Windows 7 系统安装程序分区为例讲解操作方法，如图 3-6 所示。

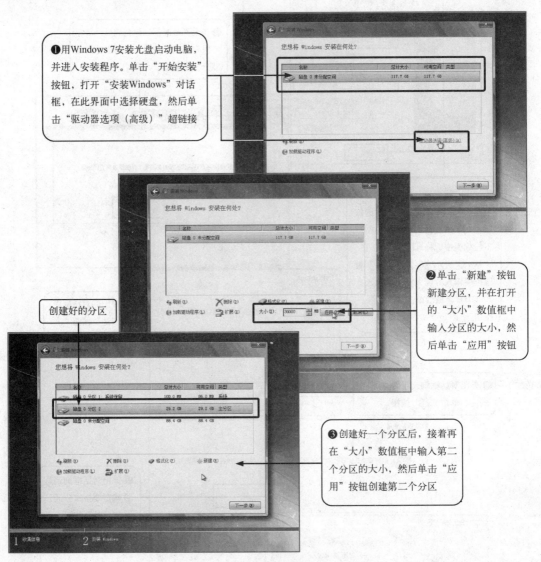

❶用 Windows 7 安装光盘启动电脑，并进入安装程序。单击"开始安装"按钮，打开"安装 Windows"对话框，在此界面中选择硬盘，然后单击"驱动器选项（高级）"超链接

❷单击"新建"按钮新建分区，并在打开的"大小"数值框中输入分区的大小，然后单击"应用"按钮

创建好的分区

❸创建好一个分区后，接着再在"大小"数值框中输入第二个分区的大小，然后单击"应用"按钮创建第二个分区

图 3-6　用安装程序进行分区

📖 专家提示

如果安装 Windows 7/8/10 系统时没有对硬盘分区（硬盘原先也没有分区），Windows 7/8/10 安装程序将自动把硬盘分为一个分区，分区格式为 NTFS。

3.2.4　任务 4：格式化电脑硬盘

硬盘分区完成之后，一般需要对硬盘进行格式化操作，然后才能正常使用。格式化硬盘要分别格式化每个区，即分别格式化 C 盘、D 盘、E 盘、F 盘和 G 盘等。格式化硬盘的方法有多种，下面以使用 Windows 系统中自带的"格式化"命令进行格式化为例讲解格式化磁盘的方法，如图 3-7 所示。

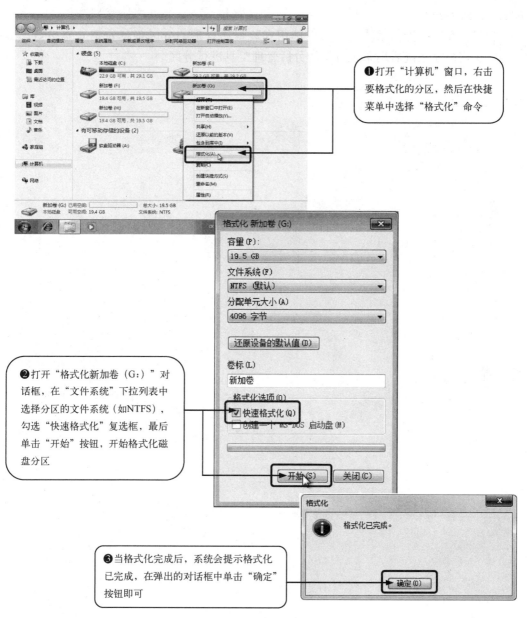

图 3-7　格式化磁盘

3.3 高手经验总结

经验一：硬盘分区时，如果是非全新硬盘，必须考虑硬盘中的资料是否需要备份，如果需要备份资料，要先备份硬盘中的资料，再进行分区。

经验二：如果要实现快速开机，那么硬盘的格式必须采用 GPT 格式，并且最好安装 Windows 8/10 系统。

经验三：在安装操作系统时，可以使用安装程序自带的分区工具先把 C 盘分好，其他分区可以在安装完系统后用系统自带的分区管理工具进行分区。

第**4**章

提高Windows系统的运行速度

学习目标

1. 了解笔记本电脑运行速度变慢的原因
2. 掌握笔记本电脑的升级方法
3. 掌握虚拟内存的设置方法
4. 掌握电脑电源的设置方法
5. 掌握系统的优化方法

学习效果

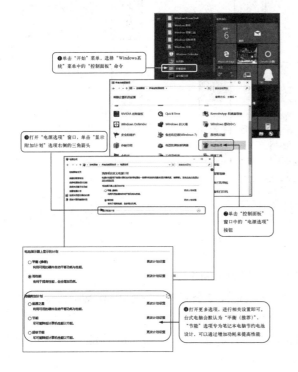

❶单击"开始"菜单,选择"Windows系统"菜单中的"控制面板"命令

❷打开"电源选项"窗口,单击"显示附加计划"选项右侧的三角箭头

❸单击"控制面板"窗口中的"电源选项"按钮

❹打开更多选项,进行相关设置即可。台式电脑会默认为"平衡(推荐)","节能"选项专为笔记本电脑节约电池设计,可以通过增加功耗来提高性能

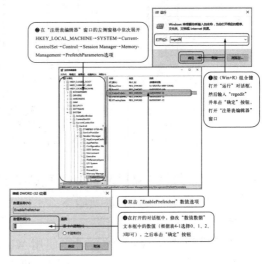

❶在"注册表编辑器"窗口的左侧窗格中依次展开HKEY_LOCAL_MACHINE→SYSTEM→CurrentControlSet→Control→Session Manager→Memory Management→PrefetchParameters选项

❷按(Win+R)组合键打开"运行"对话框,然后输入"regedit"并单击"确定"按钮,打开"注册表编辑器"窗口

❸双击"EnablePrefetcher"数值项选项

❹在打开的对话框中,修改"数值数据"文本框中的数值(根据表4-1选择0、1、2、3即可),之后单击"确定"按钮

Windows 系统使用久了，运行速度往往会明显变慢，还经常跳出各种错误提示窗口。本章将介绍导致 Windows 系统变慢的原因和解决的方法。

4.1　知识储备

Windows 系统的运行速度和电脑硬件配置有关系，和 Windows 系统本身也有很大关系，下面将重点介绍影响 Windows 运行速度的各种因素。

■ **问答 1：Windows 系统运行速度为什么越来越慢？**

Windows 系统使用久了，运行速度会变得越来越慢，主要有以下几方面的原因，如图 4-1 所示。

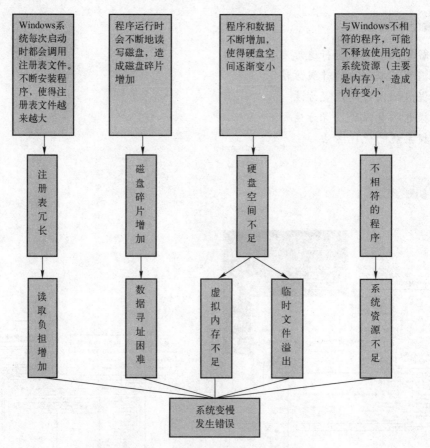

图 4-1　造成系统运行缓慢的原因

■ **问答 2：为什么要用 Windows Update 更新系统文件？如何更新？**

经常更新系统文件到最新版本，不但可以弥补系统的安全漏洞，还会提高 Windows 系统的性能。

想要更新 Windows 系统，可以使用 Windows 自带的更新功能（Update 功能）用户可以通过网络自动下载安装 Windows 升级文件，还可以设置定期自动更新。

Windows 系统更新的设置方法如图 4-2 所示（以 Windows 10 系统为例）。

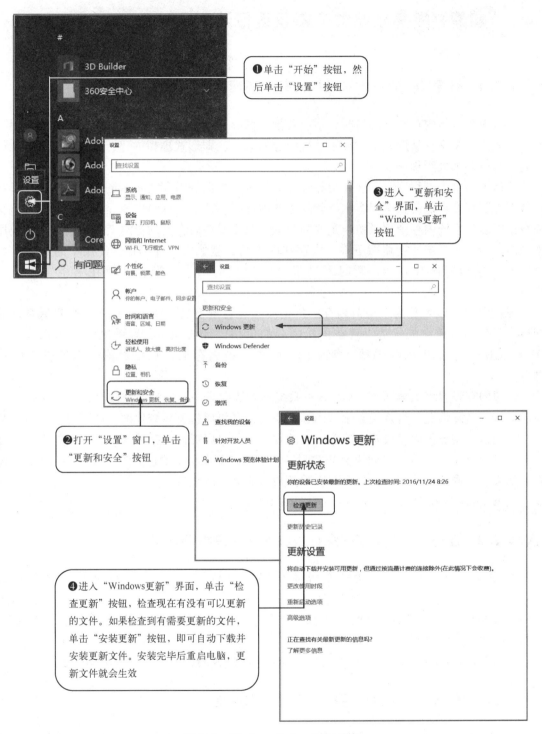

图 4-2　Windows Update 更新系统

4.2　实战：提高电脑的存取及运行速度

4.2.1　任务 1：通过设置虚拟内存提高速度

虚拟内存是指内存空间不足时，系统会把一部分硬盘空间作为内存使用。将一部分硬盘空间作为内存使用，从形式上增加了系统内存的大小，即形式虚拟内存，Windows 系统就可以同时运行多个大型程序。

在运行多个大型程序时，往往会导致存储指令和数据的内存空间不足。这时 Windows 系统会把重要程度较低的数据保存到硬盘的虚拟内存中，这个过程叫作 Swap（交换数据）。交换数据以后，系统内存中将只留下重要的数据。由于要在内存和硬盘间交换数据，因此使用虚拟内存会导致系统速度略微下降。内存和虚拟内存就像书桌和书柜，使用中的书本（数据）放在桌子（内存）上，暂时不用但经常使用的书本（数据）放在书柜（虚拟内存）里。

虚拟内存的诞生是为了应对内存的价格高昂和容量不足。使用虚拟内存会降低系统的速度，但依然难掩它的优势。现在虽然内存的价格已经大众化，容量也已经达到数十吉字节（GB），但虚拟内存仍然继续使用，因为虚拟内存的使用已经成为系统管理的一部分。

虚拟内存设置多大合适呢？Windows 系统会默认设置一定量的虚拟内存，用户可以根据自己电脑的实际情况，合理设置虚拟内存大小，这样可以提升系统速度。如果电脑中有两个或多个硬盘，将虚拟内存设置在速度较快的硬盘上，可以提高交换数据的效率。如果设置在固态硬盘 SSD 上，速度提升效果会非常明显。虚拟内存大小一般设置为系统内存的 2.5 倍左右，如果虚拟内存太小，就需要更多次数的数据交换，降低效率。

在 Windows 10 设置虚拟内存的方法如图 4-3 所示。

4.2.2　任务 2：用快速硬盘存放临时文件夹提高速度

Windows 系统中有 3 个临时文件夹，用于存储运行时生成的临时文件。安装 Windows 系统的时候，临时文件夹会默认在系统盘的"Windows"文件夹下。如果系统盘空间不够大，可以将临时文件放置在其他速度较快的分区中。临时文件夹中的文件可以通过磁盘清理功能进行删除。

以 Windows 10 系统为例，改变临时文件夹存放位置的设置方法如图 4-4 所示。

4.2.3　任务 3：通过设置电源模式提高速度

为了节省电源，Windows 8/10 为用户提供了三种不同的电源模式，而这三种电源模式对应了三种不同的性能。在只追求高性能不考虑节能的情况下，可以通过设置电源来提高速度。以 Windows 10 为例，设置方法如图 4-6 所示。

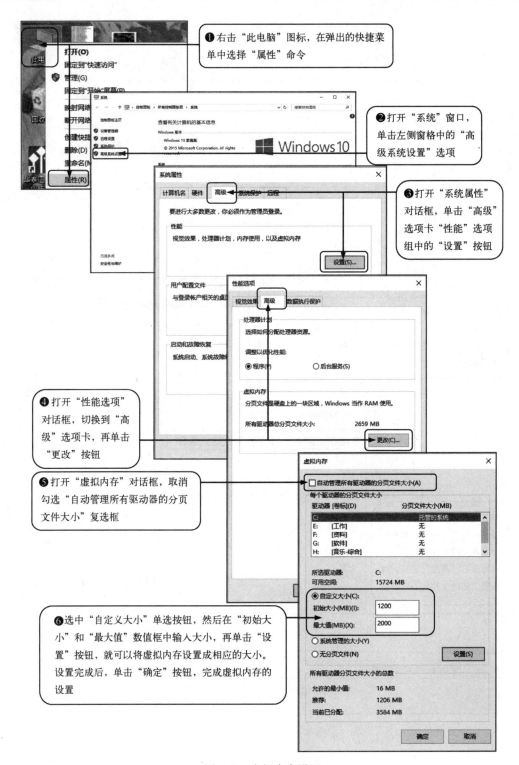

图 4-3　虚拟内存设置

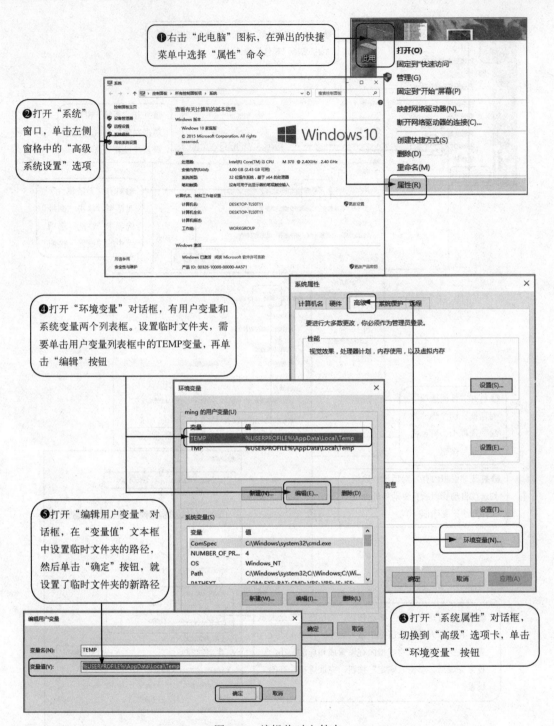

图 4-4　编辑临时文件夹

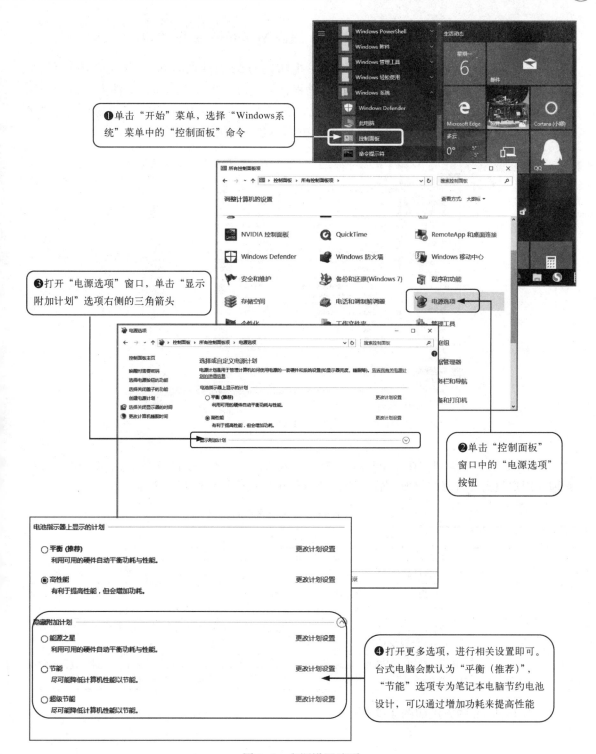

图 4-5　电源设置选项

4.2.4 任务4：通过设置 Prefetch 提高 Windows 系统的效率

Prefetch 是预读取文件夹，用来存放系统访问过的文件的预读信息，扩展名为 pf。Prefetch 技术的出现是为了加快系统启动的进程，它会自动创建 Prefetch 文件夹，运行程序所需要的所有程序文件（exe、com 等）都包含在这里。在 Windows XP 中，Prefetch 文件夹需要经常手动清理，而 Windows 7/8/10 系统中则不必手动清理。如图 4-6 所示。

图 4-6　Prefetch

Prefetch 有 4 个级别，在 Windows 系统中，默认的级别是 3。pf 文件会由 Windows 自行管理，用户只需要选择与电脑用途相符的级别即可。相应级别说明如表 4-1 所示。

表 4-1　Prefetch 在注册表中的级别

级　别	操　作　方　式
0	不使用 Prefetch。Windows 系统启动时不使用预读入 Prefetch 文件，所以启动时间可以略微缩短，但运行应用程序会相应变慢
1	优化应用程序。为部分经常使用的应用程序制作 pf 文件，对于经常使用 Photoshop、CAD 这类针对素材文件的程序来说并不合适
2	优化启动。为经常使用的文件制作 pf 文件，对于使用大规模程序的用户非常适合。刚安装 Windows 系统时没有明显效果，在经过几天积累后，pf 文件就能发挥其性能
3	优化启动和应用程序。同时使用 1 和 2 级别，即为文件也为应用程序制作 pf 文件，这样同时提高了 Windows 的启动和应用程序的运行速度，但会使 Prefetch 文件夹变得很大

设置 Prefetch 的方法如图 4-7 所示。

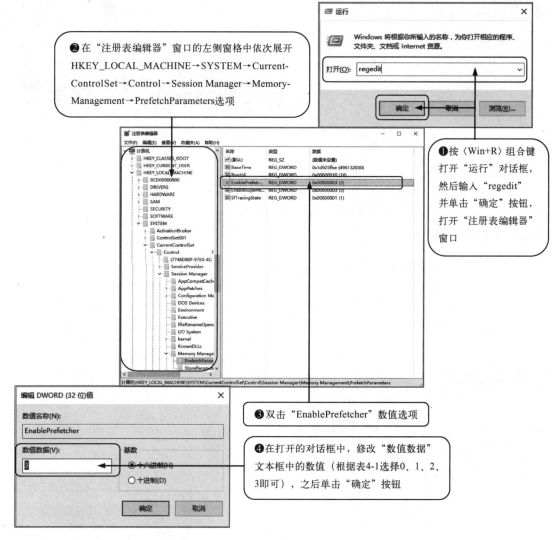

图 4-7 设置注册表中的 Prefetch 选项

4.3 高手经验总结

经验一：如果笔记本电脑的内存容量偏小，可以通过设置虚拟内存来适当提高电脑运行的速度。

经验二：如果笔记本电脑开机速度或运行速度变慢，估计是系统中开机运行的软件较多，或系统中的垃圾较多，可以使用带有优化功能的安全软件对开机、系统、网络或硬盘进行优化加速。

经验三：如果笔记本电脑系统盘（通常为 C 盘）可用空间变得太少，应该是系统中的垃圾太多了，可以用使用安全防护软件对电脑垃圾、使用痕迹、注册表、无用插件、Cookies 等进行清理（一般安全防护软件都有此清理功能）。

第 5 章

优化Windows系统注册表

学习目标

1. 认识 Windows 系统注册表
2. 掌握注册表操作方法
3. 掌握优化注册表的方法
4. 利用注册表解决问题

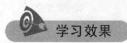
学习效果

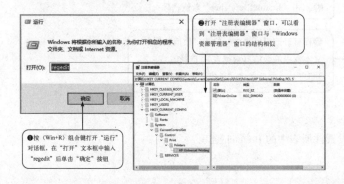

❶按〈Win+R〉组合键打开"运行"对话框，在"打开"文本框中输入"regedit"后单击"确定"按钮

❷打开"注册表编辑器"窗口，可以看到"注册表编辑器"窗口与"Windows资源管理器"窗口的结构相似

　　注册表（Registry）是 Windows 系统中的一个重要的数据库，用于存储系统和应用程序的设置信息。就像户口簿用来登记家庭住址等信息一样，如果户口登记资料丢失了，那就无法在户籍管理系统中进行任何操作。Windows 也是一样，如果注册表中的环境信息或驱动信息丢失，就会造成 Windows 系统运行错误。

5.1 知识储备

5.1.1 深入认识注册表

问答 1：什么是注册表？

　　注册表是保存所有系统设置数据的存储器，它保存了 Windows 系统运行所需的各种参数和设置，以及应用程序相关的所有信息。从 Windows 系统启动开始，到用户登录、应用程序运行等所有操作都需要以注册表中记录的信息为基础。注册表在 Windows 系统中起着最为核心的作用。

　　Windows 系统运行中，系统环境会随着应用程序的安装等操作而改变，改变后的环境设置又会保存在注册表中，如图 5-1 所示。所以，用户可以通过编辑注册表来改变 Windows 系统环境，但如果注册表出现问题，Windows 系统就不能正常工作了。

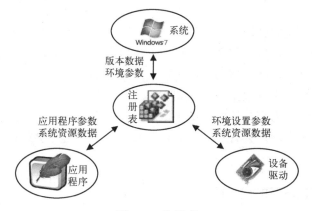

图 5-1 注册表

　　注册表中保存着系统设置的相关数据，启动 Windows 系统的时候会从注册表中读入系统设置数据。如果注册表受损，Windows 系统就会发生错误，还有可能造成 Windows 系统崩溃。

　　每次启动 Windows 系统的时候，电脑都会检查系统中安装的设备，并把相关的最新信息记录到注册表中。Windows 系统内核启动时，从注册表中读入设备驱动程序的信息才能建立 Windows 系统的运行环境，并选择合适的 .inf 文件安装驱动程序，安装的驱动程序会改变注册表中各个设备的环境参数、IRQ、DMA 等信息。

　　启动完成后，Windows 系统和各种应用程序、服务等都会参照注册表中的信息运行。

安装各种应用程序的时候，都会在注册表中登记程序运行时所需的信息。在 Windows 系统中卸载程序，就会在卸载过程中删除注册表中记录的相关信息。

问答 2：什么是注册表编辑器？

注册表编辑器与 Windows 系统的资源管理器相似，呈树状目录结构，注册表编辑器中的键类似于资源管理器中文件夹的概念。资源管理器最顶层的文件叫作"根目录"，其下一层文件夹叫作"子目录"。相似的，注册表编辑器的最顶层叫作"根键"，其下一层叫作"子键"。单击键前面的三角形箭头可以打开下一层的子键，如图 5-2 所示。

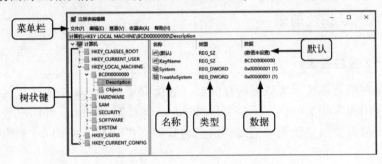

图 5-2　注册表编辑器

"注册表编辑器"窗口的左侧是树状键，显示了注册表的结构；右侧窗格显示键的具体信息。
- 菜单栏：菜单栏中有"文件""编辑"等菜单，可实现文件导入/导出、编辑、查看等操作功能。
- 树状键：显示了键的结构。
- 名称：注册表值的名称。与文件名相似，注册表键也有重复的现象，但在同一个注册表键中也不能存在相同名称的注册表值。
- 类型：注册表键采用的数据存储形式。
- 数据：注册表值的内容，注册表值决定了数据的内容。
- 默认：所有注册表键都会有"（默认）"项目，应用程序会根据注册表键的默认项来访问其他数值。

5.1.2　认识注册表的结构及键

问答 1：注册表有哪些根键？

Windows 10 系统的注册表结构中有 5 个根键，如图 5-3 所示。

查看这些根键可以发现，5 个根键中大部分注册表内容都在 HKEY_LOCAL_MACHINE 和 HKEY_CURRENT_USER 中。

问答 2：注册表的值有哪些类型？

注册表中保存的数据有多种数据类型，有字符串值、二进制值、多字符串值等，如表 5-1 所示。在注册表编辑器中，右侧窗格中"类型"栏显示的就是相应键值的数据类型。无论是多字符串还是扩充字符串，一个键的所有值的总大小都不能超过 64 KB。

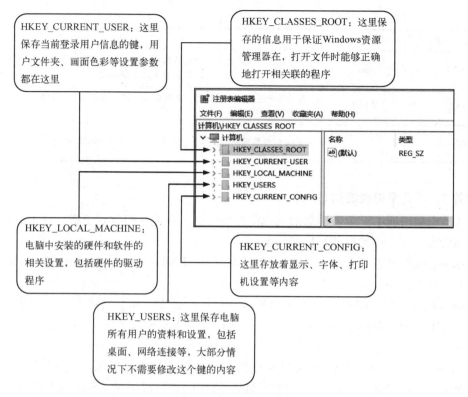

图 5-3 注册表的根键

表 5-1 注册表键值的数据类型

类　　　型	名　　称	说　　　明
REG_SZ	字符串值	S 表示字符串（String），Z 表示以 0 结束的内容（Zero Byte）
REG_BINARY	二进制值	用 0 和 1 表示的二进制数值。大部分硬件的组成信息都用二进制数据类型存储，在注册表编辑器中以十六进制形式表示
REG_DWORD	DWORD（32 位）值	DWORD 表示双字节（Double Word），一个字节可以表示从 0 到 65 535 的 16 位数值，双字节是两个 16 位数，也就是 32 位，可以表示 40 亿以上的数值
REG_MULTI_SZ	多字符串值	多个无符号字符组成的集合，一般用来表示数值或目录等信息
REG_EXPAND_SZ	可扩充字符串值	用户可以通过控制面板中的"系统"选项设置一部分环境参数，扩充字符串用于定义这些参数，包括程序或服务使用数据时确认的变量等
REG_RESOURCE_LIST	二进制值	为存储硬件设备的驱动程序或这个驱动程序控制的物理设备所使用的资源目录而设计的数据类型，是一系列重叠的序列。系统识别这些目录后，将其写入 Resource Map 目录下，这种数据类型在注册表编辑器中会显示二进制数据的十六进制形式
REG_RESOURCE_REQUIREMENT_LIST	二进制值	为存储硬件设备的驱动程序或这个驱动程序控制的物理设备所使用的资源目录而设计的数据类型，是一系列重叠的序列。系统会在 Resource Map 目录下编写该目录的低级集合，这种数据类型在注册表编辑器中会显示二进制数据的十六进制形式
REG_FULL_RESOURCE_DESCRIPTOR	二进制值	为存储硬件设备的驱动程序或这个驱动程序控制的物理设备所使用的资源目录而设计的数据类型，是一系列重叠的序列。系统识别这种数据类型，会将其写入 Hardware Description 目录中，这种数据类型在注册表编辑器中会显示二进制数据的十六进制形式

（续）

类　　型	名　　称	说　　明
REG_NONE	无	没有特定形式的数据，这种数据会被系统和应用程序写入注册表中，在注册表编辑器中会显示为二进制数据的十六进制形式
REG_LINK	链接值	提示参考地点的数据类型，各种应用程序会根据 REG_LINK 类型键的指定到达正确的目的地
REG_QWORD	QWORD（64 位）值	以 64 位整数显示的数据。这个数据在注册表编辑器中显示为二进制值

■ 问答 3：什么是树状结构 Hive？

在注册表编辑器中，单击键前的三角形箭头图标，就能从根键到子键，从子键再到下一层的子键依次打开，这种树状结构叫作 Hive。

Windows 系统中把主要的 HKEY_LOCAL_MACHINE 键和 HKEY_USERS 键的 Hive 内容保存在几个文件夹当中。

Windows 会默认把 Hive 保存在 C:\Windows\system32\config 文件夹中，其中包含多个 default、SAM、SECURITY、software、system、COMPONENTS 为名的文件。Hive 本身并没有扩展名。

C:\Windows\system32\config 文件夹中的同名文件实际上是扩展名为 LOG、SAV、ALT 等的多个文件。一般来说，LOG 文件用于 Hive 的登记和监视记录，SAV 文件用于系统发生冲突时恢复注册表的 Hive 和保存注册表的备份。

注册表中保存用户资料的 HKEY_USERS 根键的 Hive 文件保存在 Windows 目录中，用户名文件夹中的 NTUSER.DAT 文件中，以便用户各自进行管理。Windows 系统中注册表的保存如表 5-2 所示。

表 5-2　Windows 系统中注册表的保存路径

Hive	相 关 文 件	相 关 注 册 表 键
DEFAULT	DEFAULT、Default.log、Default.sav	HKEY_USERS\DEFAULT
HARDWARE	无	HKEY_LOCAL_MACHINE\HARDWARE
SOFTWARE	SOFTWAR、Software.log、Software.sav	HKEY_LOCAL_MACHINE\SOFTWARE
SAM	SAM、Sam.log、Sam.sav	HKEY_LOCAL_MACHINE\SECURITY\SAM
SYSTEM	SYSTEM、System.alt、System.log、System.sav	HKEY_LOCAL_MACHINE\SYSTEMHKEY_CURRENT_CONFIG
SECURITY	SECURITY、Security.log、Security.sav	HKEY_LOCAL_MACHINE\SECURITY
SID	NTUSER.DAT、Ntuser.dat.log	HKEY_CURRENT_USER\当前登录用户

5.2 实战：设置注册表

5.2.1 任务 1：进入注册表

注册表不能像其他文本文件一样用记事本打开，必须用注册表编辑器才能打开，方法如图 5-4 所示。

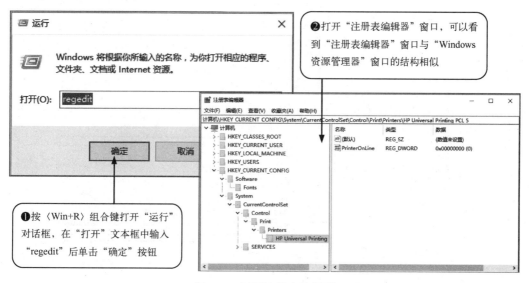

❷打开"注册表编辑器"窗口，可以看到"注册表编辑器"窗口与"Windows 资源管理器"窗口的结构相似

❶按〈Win+R〉组合键打开"运行"对话框，在"打开"文本框中输入"regedit"后单击"确定"按钮

图 5-4 打开注册表编辑器

5.2.2 任务 2：备份和还原注册表

Windows 系统中提供了系统还原功能，在注册表或系统文件被改变的时候，可以自动恢复到原来的设置。而且在 Windows 系统的启动过程中发生错误时可以选择"最后一次正确配置"（在高级启动选项中）选项进行启动。

既然有了上述安全措施，那备份注册表还有什么意义呢？修改注册表可能会导致 Windows 系统无法运行，通过注册表还原，可以轻松解决这个问题。这不像系统还原那样，需要把整个 Windows 系统设置恢复为以前的设置，也不像"最后一次正确配置"那样需要恢复注册表的全部内容，而是可以根据用户的需要灵活地恢复必要的部分。

注册表备份操作一般在 Windows 系统正常运行时进行，利用注册表编辑器进行备份的操作方法如图 5-5 所示。

当注册表发生错误时，需要用到还原注册表的功能进行恢复，操作方法如图 5-6 所示，前提是之前做过注册表的备份。

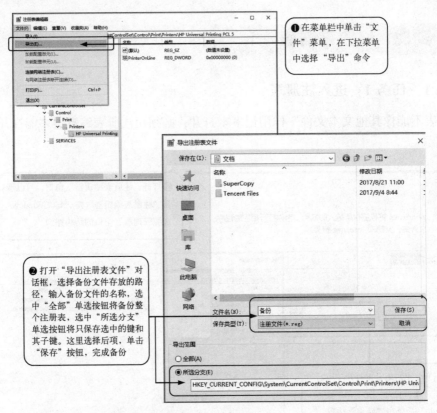

图 5-5　备份注册表

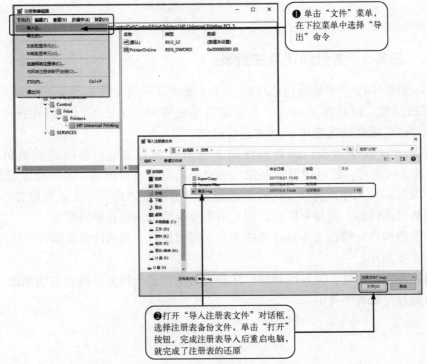

图 5-6　还原注册表

5.3 实战：注册表优化设置

5.3.1 任务 1：优化注册表提高系统运行速度

在电脑上安装应用程序、驱动或硬件时，相关的设备或程序会自动添加到注册表中。所以 Windows 系统使用时间久了，注册表中登记的信息就会越来越多，注册文件也会随之增大。

Windows 系统启动的时候，会读入注册表信息。注册表中的信息越多，电脑读入的速度就越慢，启动时间也就越长；系统运行时，硬件设备的驱动信息和应用程序的注册信息也必须从注册表中读取，所以注册表冗长也会导致 Windows 系统运行缓慢。

应用程序安装过程中会添加注册表信息，但删除应用程序时，有的应用程序不能完全删除已添加的注册表信息，或者有些应用程序会保留一部分注册信息，准备以后重装应用程序时使用。这也会造成注册表冗长，导致 Windows 系统运行缓慢。

因此在电脑使用一段时间后，优化注册表很有必要。优化注册表时，除了一项一项地优化 Windows 系统注册表，还可以用优化工具简化这项烦琐的工作。

很多安全软件都具有优化和清理的功能（如 360 安全卫士等），这里介绍一款免费的优化工具——"Windows 优化大师"。

Windows 优化大师不但可以自动优化系统和清理注册表，还可以通过手动设置优化系统、清理系统和维护系统，具体操作方法如图 5-7 所示。

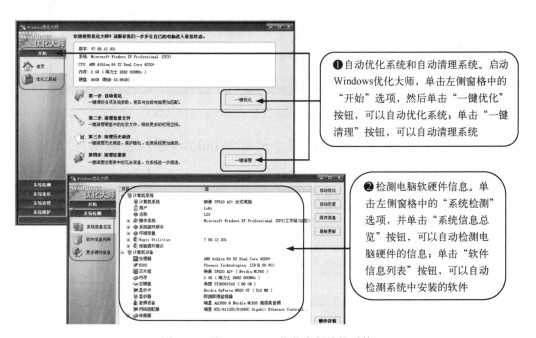

❶自动优化系统和自动清理系统。启动 Windows 优化大师，单击左侧窗格中的"开始"选项，然后单击"一键优化"按钮，可以自动优化系统；单击"一键清理"按钮，可以自动清理系统

❷检测电脑软硬件信息。单击左侧窗格中的"系统检测"选项，并单击"系统信息总览"按钮，可以自动检测电脑硬件的信息；单击"软件信息列表"按钮，可以自动检测系统中安装的软件

图 5-7 利用 Windows 优化大师维护系统

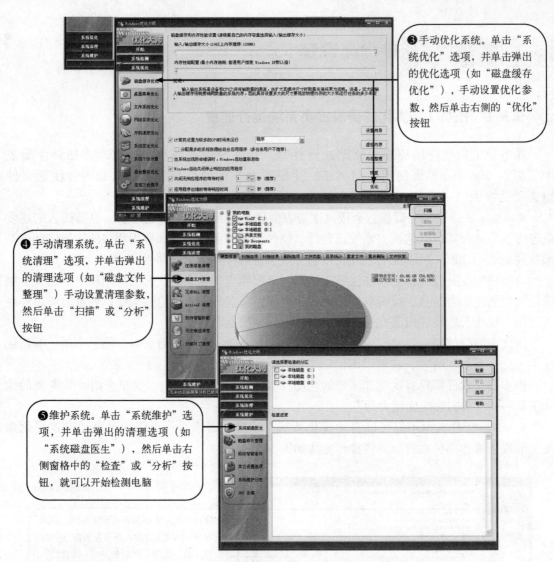

图 5-7 利用 Windows 优化大师维护系统（续）

5.3.2 任务 2：快速查找特定键（适合 Windows 系统各版本）

注册表中记录的键成百上千，要查找特定的键，除了按照树状结构一层一层查找之外，还有一个快速查找的方法，如图 5-8 所示。

图 5-8 快速查找特定键

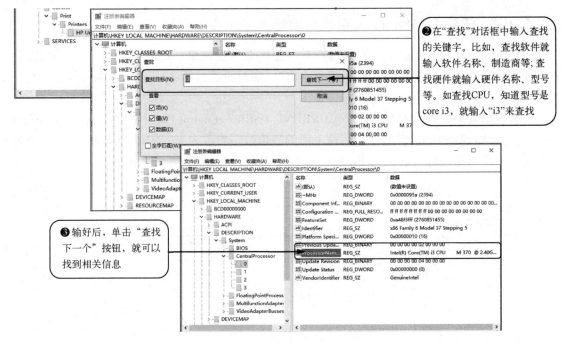

图 5-8　快速查找特定键（续）

5.3.3　任务 3：缩短 Windows 10 的系统响应时间

通过修改注册表，可以缩短 Windows 10 的系统响应时间，避免系统假死等情况的发生。

打开注册表编辑器，展开 HKEY_CURRENT_USER →Control Panel →Desktop 键，然后按照图 5-9 所示的方法进行操作。

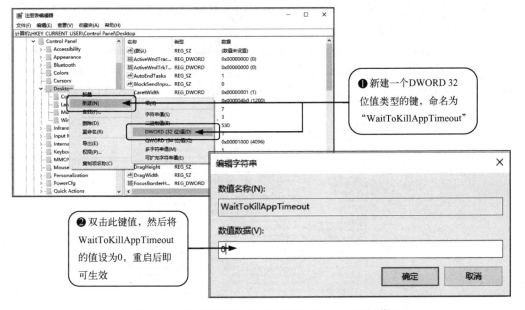

图 5-9　设置新建的 WaitToKillAppTimeout 的键值

5.3.4 任务 4: Windows 系统自动结束未响应的程序

使用 Windows 系统的时候, 有时运行某些程序会导致死机, 打开 Windows 任务管理器, 查看应用程序, 发现该程序的状态是 "未响应"。通过设置注册表, 可以让 Windows 系统自动结束这样的未响应程序。

打开注册表编辑器, 展开 HKEY_CURRENT_USER →Control Panel →Desktop 键, 在右侧窗格中找到 AutoEndTasks 键值, 将字符串值的数值数据更改为 1, 退出注册表编辑器, 重新启动电脑, 即可启动此功能, 如图 5-10 所示。

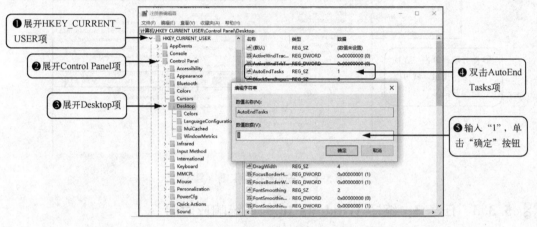

图 5-10 设置 [AutoEndTasks] 键值

5.3.5 任务 5: 清除内存内中不再使用的 DLL 文件

有些应用程序结束后不会主动释放内存中占用的资源, 通过设置注册表, 可以清除内存中这些不再使用的 DLL 文件。

展开 HKKEY_LOCAL_MACHINE→SOFTWARE→Microsoft→Windows→CurrentVersion→Explorer 键, 在右侧窗格中找到 AlwaysUnloadDLL 键值, 将默认值设为 1, 退出注册表编辑器, 重启电脑即可生效。如默认值设为 0, 则代表停用此功能, 如图 5-11 所示。

图 5-11 删除内存中不再使用的 DLL 文件

5.3.6　任务 6：加快开机速度

Windows 系统的预读能力可以通过设置注册表来提高，预读能力提高可以加快开机的速度。

打开注册表编辑器，展开 HKEY_LOCAL_MACHINE→SYSTEM→CurrentControlSet→Control→SessionManager→MemoryManagement→PrefetchParameters 键，右侧窗格中 EnablePrefetcher 键值的数值数据代表了预读能力，数值越大，能力越强。双核 1 GHz 以上主频的 CPU 可以设置 4、5 或更高一点，单核 1 GHz 以下的 CPU 建议使用默认的 3，如图 5-12 所示。

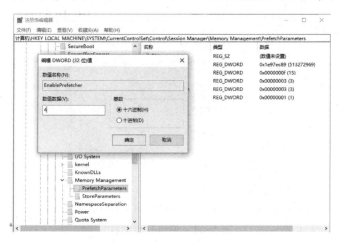

图 5-12　预读能力设置

5.3.7　任务 7：开机时打开磁盘整理程序

开机打开磁盘清理程序，可以减少系统启动时造成的碎片。

打开注册表编辑器，展开 HKEY_LOCAL_MACHINE→SOFTWARE→Microsoft→Dfrg→BootOptimizeFunction 键，在右侧窗格中将 Enable 字符串值设为 Y，表示开启磁盘清理程序功能，设为 N 表示关闭磁盘清理程序功能如图 5-13 所示。

图 5-13　打开磁盘碎片整理程序

5.3.8 任务 8：关闭 Windows 自动重启

当 Windows 系统遇到无法解决的问题时，便会自动重新启动，如果想要阻止 Windows 自动重启，可以通过设置注册表来完成。

打开注册表编辑器，展开 HKEY_LOCAL_MACHINE →SYSTEM →CurrentControlSet →Control →CrashControl 键，将右侧窗格中的 AutoReboot 键值更改为 0，重新启动电脑后即可使设置生效，如图 5-14 所示。

图 5-14　关闭自动重启

5.3.9 任务 9：将"回收站"改名

Windows 系统的回收站也可以通过注册表进行修改，比如可以改成"垃圾桶"。

打开注册表编辑器，依次展开 HKEY_CLASSES_ROOT→CLSID→645FF040-5081-101B-9F08-00AA002F954E→ShellFolder，在右侧找到"Attributes"键值，右键并在弹出的快捷菜单中选择"修改"命令，将其数值更改为"50 01 00 20"，如图 5-14 所示，单击"确定"按钮，关闭注册表。返回桌面，在"回收站"图标上右击，在弹出的快捷菜单中选择"重命名"命令，然后输入想要的名称，再单击"确定"按钮，即可更改回收站的名字。

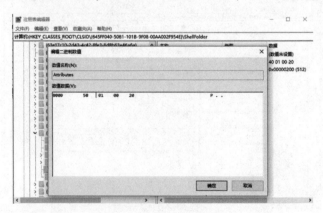

图 5-15　给回收站改名

5.4　高手经验总结

经验一：电脑的各种日常操作都会造成注册表数据冗长，因此清理优化注册表是非常必要的，特别是电脑系统运行速度变慢的时候。

经验二：备份注册表也是有必要的，以备不时之需。

经验三：通过设置注册表，可以提高电脑的响应时间，加快开机速度，解决一些电脑系统的问题。因此掌握常用的注册表设置方法还是有必要的。

第6章

笔记本电脑安全加密

学习目标

1. 掌握笔记本电脑系统加密的方法
2. 掌握应用软件加密的方法
3. 掌握锁定笔记本电脑系统的方法
4. 掌握 Office 数据文件加密的方法
5. 掌握压缩文件加密的方法
6. 掌握文件夹加密的方法
7. 掌握共享数据加密的方法
8. 掌握硬盘驱动器加密的方法

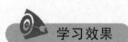

学习效果

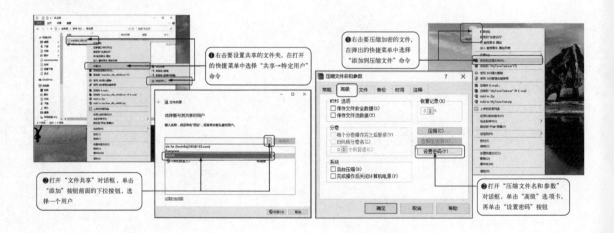

❶右击要设置共享的文件夹，在打开的快捷菜单中选择"共享→特定用户"命令

❷打开"文件共享"对话框，单击"添加"按钮前面的下拉按钮，选择一个用户

❶右击要压缩加密的文件，在弹出的快捷菜单中选择"添加到压缩文件"命令

❷打开"压缩文件名和参数"对话框，单击"高级"选项卡，再单击"设置密码"按钮

进入信息和网络化的时代以来，越来越多的用户可以通过电脑来获取信息、处理信息，同时将自己最重要的信息以数据文件的形式保存在电脑中。为防止存储在电脑中的数据信息泄露，有必要对电脑及系统进行一定的加密。本章将介绍几种常用的加密方法。

6.1　实战：笔记本电脑系统安全防护

6.1.1　任务 1：系统加密

如果笔记本电脑中有非常重要的资料，那么通过给 Windows 系统加密，可以有效地保护这些重要资料。

1. 设置笔记本电脑 BIOS 加密

进入笔记本电脑系统，可以设置的第一个密码就是 BIOS 密码。笔记本电脑的 BIOS 密码可以分为开机密码（PowerOn Password）、超级用户密码（SuperVisor Password）和硬盘密码（Hard Disk Password）。

其中，开机密码需要用户在每次开机时输入正确密码才能引导系统，如图 6-1 所示；超级用户密码可阻止未授权用户访问 BIOS 程序；硬盘密码可以阻止未授权的用户访问硬盘上的所有数据，只有输入正确的密码才能访问。

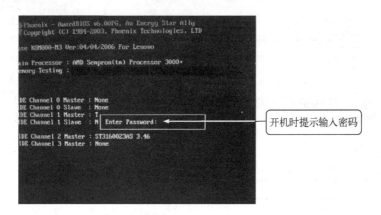

图 6-1　开机密码

另外，超级用户密码（SuperVisor Password）拥有完全修改 BIOS 设置的权利，而其他两种密码对有些项目将无权设置。所以建议用户在设置密码时，直接使用超级用户密码，这样既可保护电脑安全，又可拥有全部权限。

在笔记本电脑中，密码由专门的密码芯片管理，如果忘记了密码，不能简单地像台式电脑那样通过 CMOS 放电来清除密码，往往需要返回维修站修理，所以设置密码后一定要注意不要遗忘密码。

2. 设置系统密码

Windows 系统是当前应用最广泛的操作系统之一，在系统中可以为每个用户分别设置一个密码，具体设置方法如图 6-2 所示（以 Windows 7 系统为例，Windows 8/10 系统的设置方法与此相同）。

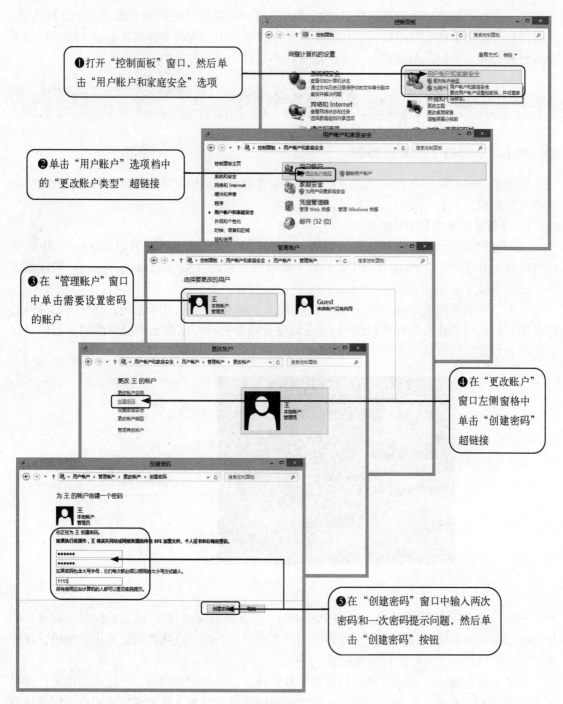

● 打开"控制面板"窗口，然后单击"用户账户和家庭安全"选项

❷ 单击"用户账户"选项档中的"更改账户类型"超链接

❸ 在"管理账户"窗口中单击需要设置密码的账户

❹ 在"更改账户"窗口左侧窗格中单击"创建密码"超链接

❺ 在"创建密码"窗口中输入两次密码和一次密码提示问题，然后单击"创建密码"按钮

图 6-2 设置系统密码

6.1.2 任务 2：应用软件加密

如果多人共用一台笔记本电脑，用户可以在笔记本电脑上对私有软件进行加密，禁止其

他用户安装或删除软件，设置方法如图 6-3 所示。

图 6-3 应用软件加密

6.1.3 任务3：锁定笔记本电脑系统

当用户在使用笔记本电脑时，如果需要暂时离开，并且不希望其他人使用自己的笔记本电脑，可以把笔记本电脑系统锁定起来。待重新使用时只需要输入密码即可打开系统。

要锁定笔记本电脑系统必须先给 Windows 系统用户设置登录密码，否则锁定笔记本电脑后，没有登录密码，还是可以轻松登录系统。

锁定笔记本电脑系统设置方法如图 6-4 所示。

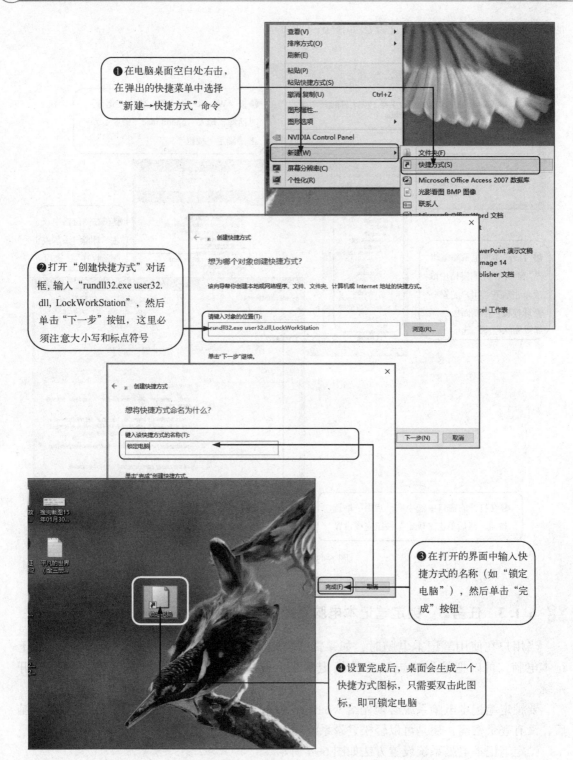

❶在电脑桌面空白处右击，在弹出的快捷菜单中选择"新建→快捷方式"命令

❷打开"创建快捷方式"对话框，输入"rundll32.exe user32.dll, LockWorkStation"，然后单击"下一步"按钮，这里必须注意大小写和标点符号

❸在打开的界面中输入快捷方式的名称（如"锁定电脑"），然后单击"完成"按钮

❹设置完成后，桌面会生成一个快捷方式图标，只需要双击此图标，即可锁定电脑

图 6-4　锁定笔记本电脑系统

6.2　实战：笔记本电脑数据安全防护

笔记本电脑数据安全防护主要是指给数据文件加密，常见的数据文件加密方法如下所述。

6.2.1　任务 1：Office 数据文件加密

在 Office 软件中，Word 文件和 Excel 文件的加密方法大致相同，这里以为 Excel 文件加密为例进行讲解，加密方法如图 6-5 所示（以 Office 2007 为例）。

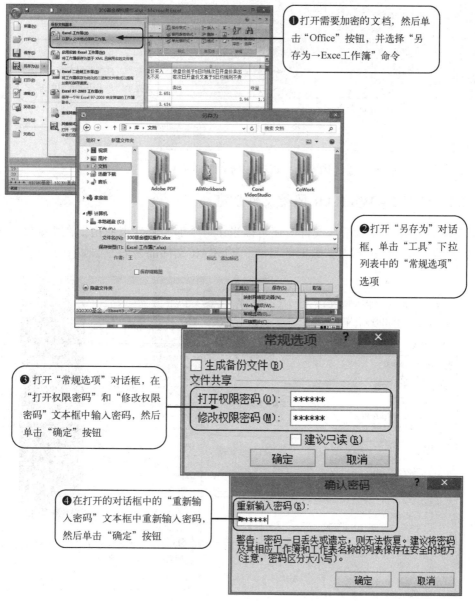

图 6-5　Office 数据文件加密

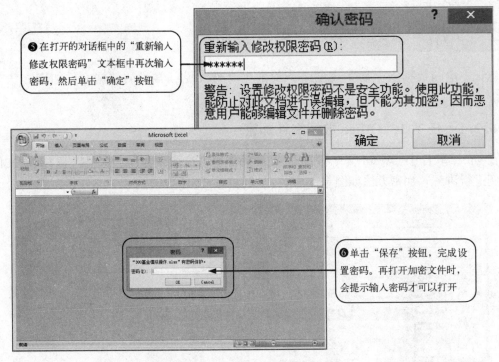

❺ 在打开的对话框中的"重新输入修改权限密码"文本框中再次输入密码，然后单击"确定"按钮

❻ 单击"保存"按钮，完成设置密码。再打开加密文件时，会提示输入密码才可以打开

图 6-5　Office 数据文件加密（续）

6.2.2　任务 2：WinRAR 压缩文件加密

WinRAR 除了用来压缩解压文件，还可以当作一个加密软件来使用，在压缩文件的时候设置一个密码，就可以达到保护数据的目的。WinRAR 文件加密的方法如图 6-6 所示。

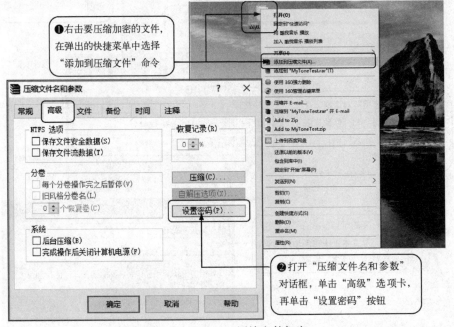

❶ 右击要压缩加密的文件，在弹出的快捷菜单中选择"添加到压缩文件"命令

❷ 打开"压缩文件名和参数"对话框，单击"高级"选项卡，再单击"设置密码"按钮

图 6-6　WinRAR 压缩文件加密

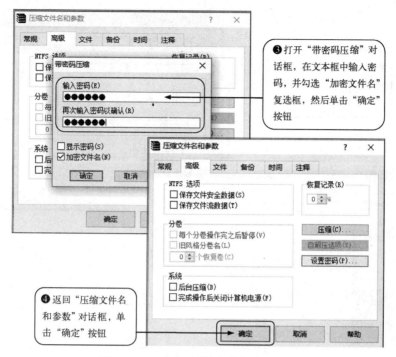

❸打开"带密码压缩"对话框，在文本框中输入密码，并勾选"加密文件名"复选框，然后单击"确定"按钮

❹返回"压缩文件名和参数"对话框，单击"确定"按钮

图 6-6　WinRAR 压缩文件加密（续）

6.2.3　任务 3：WinZip 压缩文件加密

WinZip 软件也是一款很常用的解压缩软件，同样能够为压缩文件进行加密设置。这里以利用 WinZip11.1 汉化版设置密码为例进行讲解，如图 6-7 所示。

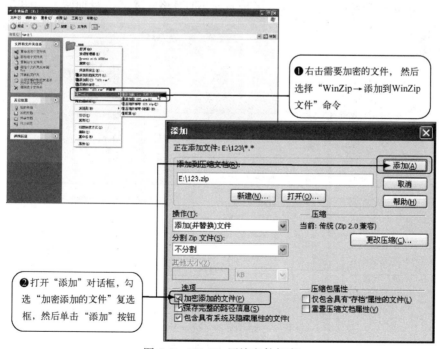

❶右击需要加密的文件，然后选择"WinZip→添加到WinZip文件"命令

❷打开"添加"对话框，勾选"加密添加的文件"复选框，然后单击"添加"按钮

图 6-7　WinZip 压缩文件加密

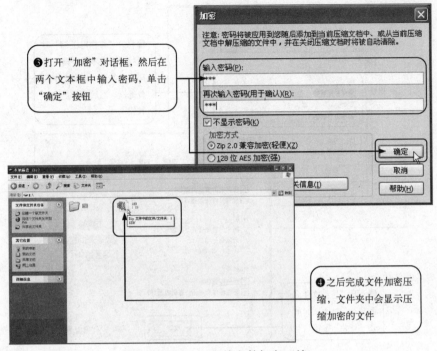

❸打开"加密"对话框，然后在两个文本框中输入密码，单击"确定"按钮

❹之后完成文件加密压缩，文件夹中会显示压缩加密的文件

图 6-7　WinZip 压缩文件加密（续）

6.2.4　任务 4：数据文件夹加密

数据文件夹加密主要有两种常用的方法，一种是使用第三方加密软件进行加密，另一种是使用 Windows 系统进行加密。下面重点介绍如何使用 Windows 系统来加密各种文件夹。

用 Windows 系统加密的方法要求分区格式是 NTFS 格式才能进行加密，如图 6-8 所示。

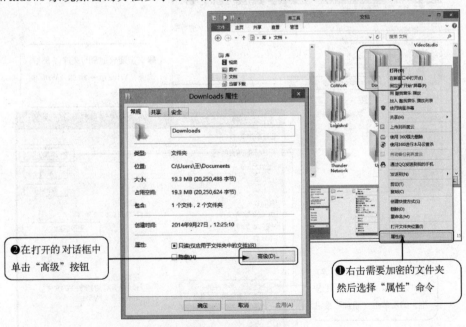

❷在打开的对话框中单击"高级"按钮

❶右击需要加密的文件夹然后选择"属性"命令

图 6-8　数据文件夹加密

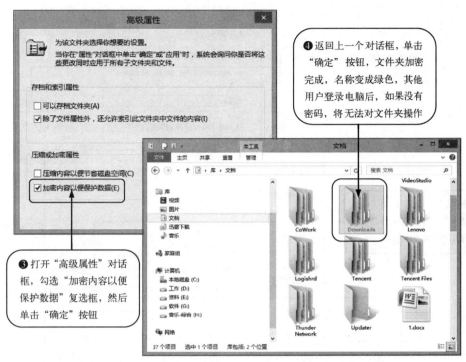

图 6-8　数据文件夹加密（续）

🔳 6.2.5　任务 5：共享数据文件夹加密

通过对共享文件夹加密，可以为不同的网络用户设置不同的访问权限。共享文件夹设置权限的方法（以 Windows 10 系统为例）如图 6-9 所示。

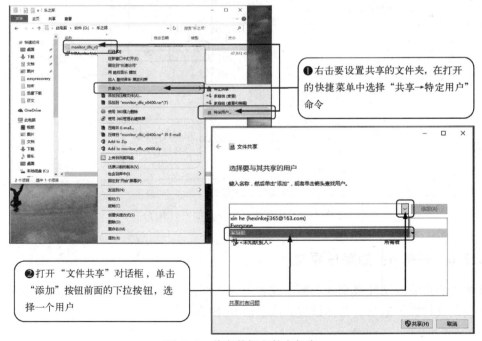

图 6-9　共享数据文件夹加密

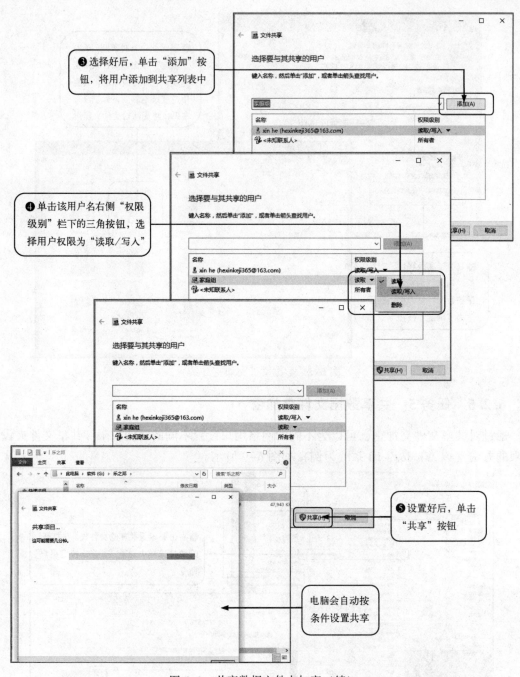

❸ 选择好后，单击"添加"按钮，将用户添加到共享列表中

❹ 单击该用户名右侧"权限级别"栏下的三角按钮，选择用户权限为"读取/写入"

❺ 设置好后，单击"共享"按钮

电脑会自动按条件设置共享

图 6-9 共享数据文件夹加密（续）

6.2.6 任务6：隐藏重要文件

如果担心重要的文件被别人误删，或者不想让别人看到重要的文件，可以采用隐藏的方法将重要的文件保护起来。具体设置方法如图6-10所示。

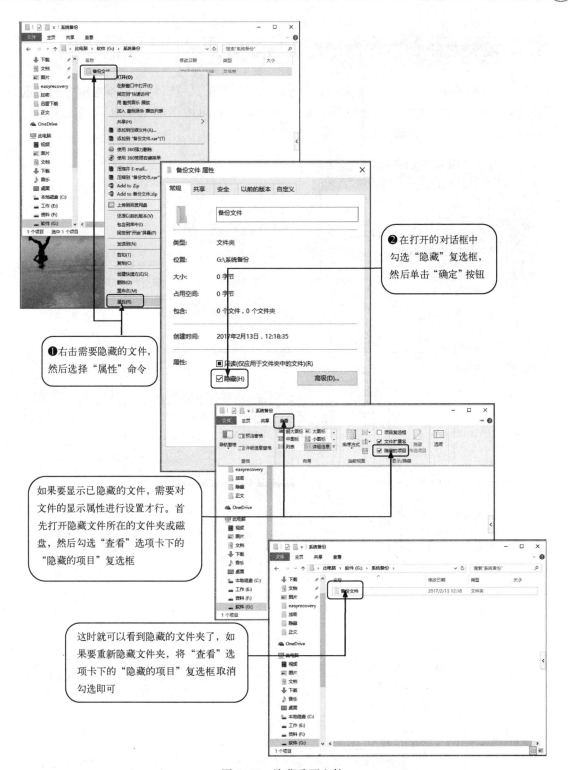

❷ 在打开的对话框中勾选"隐藏"复选框，然后单击"确定"按钮

❶ 右击需要隐藏的文件，然后选择"属性"命令

如果要显示已隐藏的文件，需要对文件的显示属性进行设置才行。首先打开隐藏文件所在的文件夹或磁盘，然后勾选"查看"选项卡下的"隐藏的项目"复选框

这时就可以看到隐藏的文件夹了，如果要重新隐藏文件夹，将"查看"选项卡下的"隐藏的项目"复选框取消勾选即可

图 6-10　隐藏重要文件

6.3　实战：笔记本电脑硬盘驱动器加密

　　Windows 系统中有一个功能强大的磁盘管理工具，此工具可以将笔记本电脑中的磁盘驱动器隐藏起来，让其他用户无法看到隐藏的驱动器，从而增强笔记本电脑的安全性。以 Windows 10 系统为例，隐藏磁盘的设置方法如图 6-11 所示。

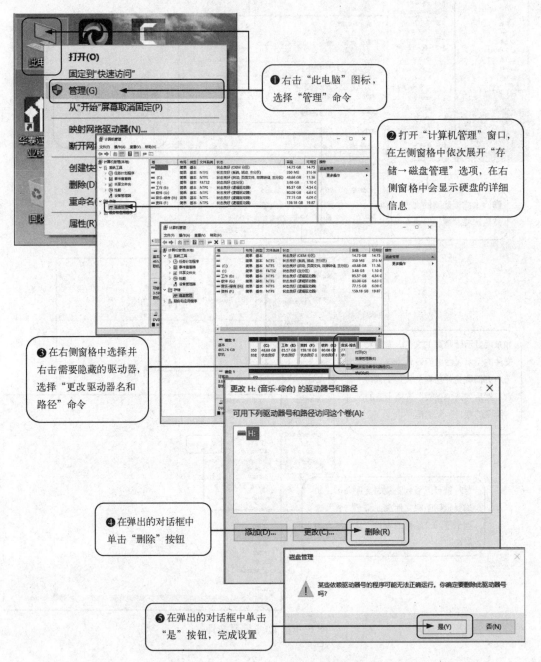

图 6-11　笔记本电脑硬盘驱动器加密

6.4 高手经验总结

经验一：在设置 BIOS 密码时，一定要分清设置的是 BIOS 密码还是系统密码。在 BIOS 设置密码时，需要选择相对应的选项。

经验二：对于应用软件加密的操作，由于有些 Windows 系统没有开放"本地策略编辑器"，因此有时在"运行"对话框中输入"gpedit.msc"会提示找不到文件。

经验三：Office 文件加密、压缩文件加密、隐藏文件和文件夹等都是最简单实用的加密方法，掌握这些加密方法对日常的文件管理非常有用。

第7章

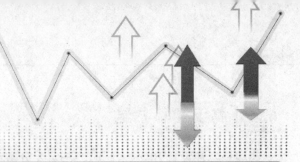

备份与恢复笔记本电脑系统

学习目标

1. 了解备份系统的作用及好处
2. 掌握利用系统自带功能备份 Windows 系统的方法
3. 掌握利用系统自带功能恢复 Windows 系统的方法
4. 掌握 Ghost 备份系统的方法
5. 掌握 Ghost 恢复系统的方法

学习效果

●进入"疑难解答"界面，单击"高级选项"按钮

❼进入"高级选项"界面，单击"系统映像恢复"按钮

❽选中"选择系统映像"单选按钮，然后单击"下一步"按钮，之后选择创建的映像进行恢复即可

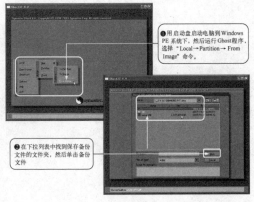

❶用自动盘启动电脑到Windows PE 系统下，然后运行 Ghost程序，选择"Local→Partition→From Image"命令。

❷在下拉列表中找到保存备份文件的文件夹，然后单击备份文件

对于普通用户和电脑初学者来说，重新安装系统有一定的困难，即便对于维修人员来说，装系统也是一项比较耗时的工作，因为重新安装系统后还需要安装诸多软件、游戏等。所以为了方便维护电脑，可以将电脑的系统进行备份，在出现故障时，通过恢复系统的方法来修复系统，省略重装系统的问题。

7.1 知识储备

问答 1：为什么要备份系统？

备份系统的作用是在操作系统出现问题时，用户能够使用备份的文件来还原系统，而不用费时费力地重装系统。备份系统是将一个完整的、纯净的系统保存起来，如果系统出问题了，就可以通过系统还原功能几分钟内解决系统崩溃的问题。

总体来说，备份系统的作用有以下几点。

（1）备份好的系统可以作为一个系统镜像，在电脑需要重装系统时，进行还原操作就可以实现系统重装，而且速度很快。

（2）使用这个备份的系统镜像还原后，可以得到一个已装好各种所需软件的可用系统。

（3）当遇上顽固病毒，或者系统文件损坏导致电脑无法开机时，可以使用该备份系统在不能上网、没有 U 盘、没有光盘的情况下完成系统的重装。

问答 2：何时备份系统好？

（1）当系统安装完毕，驱动程序都设置好，并将需要的软件都安装完成后，就可以进行系统备份了。这样的系统比较干净，垃圾文件也少，运行起来较为迅速。

（2）当然，也可以在电脑能够正常使用的情况下选择任一时间点进行系统备份。

问答 3：备份/还原系统的方法有哪几种？

备份系统的方法有多种，可以通过如下方法进行备份/还原。

（1）使用 Ghost 软件来进行备份和还原系统。

（2）使用 Windows 系统自带的备份/还原功能进行备份和还原系统。

7.2 实战：备份与还原系统

7.2.1 任务 1：备份系统

备份系统是对 Windows 系统磁盘进行备份，从数据的安全性方面考虑，建议 Windows Complete PC 备份应该包括全部分区上的所有文件和程序。同时，要求必须将硬盘格式设为 NTFS 文件系统。如果需要将备份保存到外部硬盘，那么必须将该盘格式设为 NTFS 系统，而且保存备份的硬盘不能是动态磁盘，而必须是基本磁盘。以 Windows 7 系统为例，备份系统的方法如图 7-1 所示。

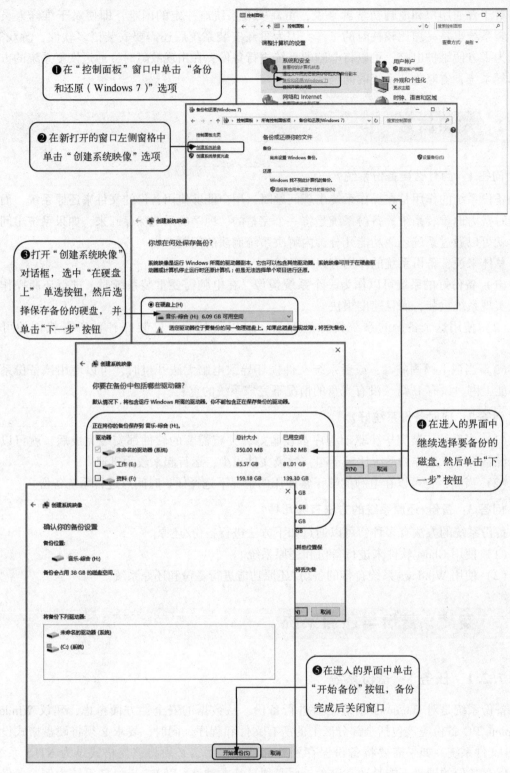

● 在"控制面板"窗口中单击"备份和还原（Windows 7）"选项

② 在新打开的窗口左侧窗格中单击"创建系统映像"选项

③打开"创建系统映像"对话框，选中"在硬盘上"单选按钮，然后选择保存备份的硬盘，并单击"下一步"按钮

❹ 在进入的界面中继续选择要备份的磁盘，然后单击"下一步"按钮

❺在进入的界面中单击"开始备份"按钮，备份完成后关闭窗口

图 7-1　备份系统

7.2.2 任务 2：恢复系统

用户可以使用系统的还原功能利用之前备份的系统恢复系统，也可以用 Windows 系统安装光盘进行还原，下面分别讲解。

1. 用系统还原功能还原

用"系统映像恢复"还原功能还原电脑系统，在电脑启动的"高级选项"界面中单击"系统映像恢复"选项，然后按照提示进行操作即可。具体操作方法如图 7-2 所示。

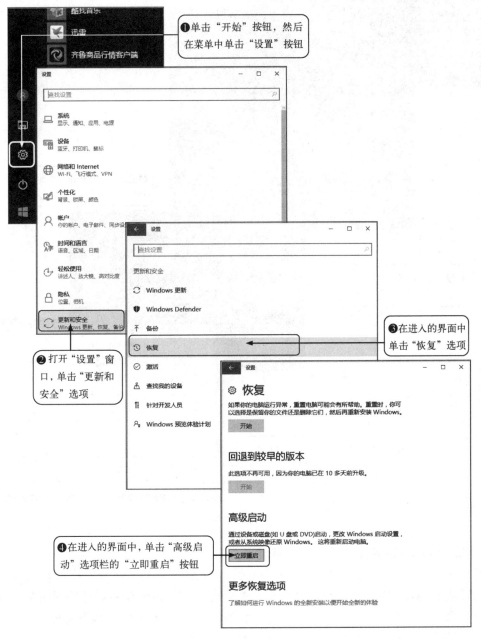

图 7-2 还原系统

图 7-2　还原系统（续）

2. 用 Windows 系统安装 U 盘恢复系统

用 Windows 系统安装 U 盘进行系统还原时，首先将 Windows 系统安装 U 盘放入 USB 接口（如果是 Windows 安装光盘，则将其放入光驱），并在 BIOS 设置程序中设置启动顺序为从 U 盘启动（如果是光盘，则设置为从光盘启动），然后启动电脑。接下来按照图 7-3 所示的方法进行操作即可，这里以 U 盘安装盘为例。

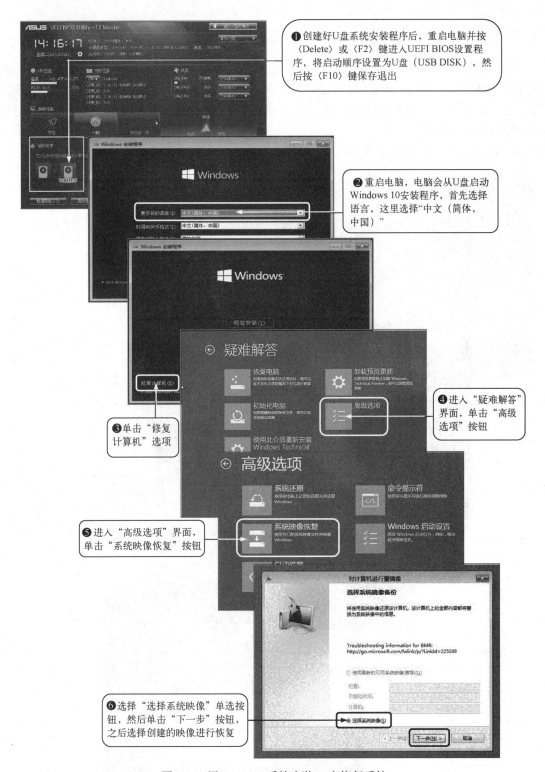

❶创建好U盘系统安装程序后，重启电脑并按〈Delete〉或〈F2〉键进入UEFI BIOS设置程序，将启动顺序设置为U盘（USB DISK），然后按〈F10〉键保存退出

❷重启电脑，电脑会从U盘启动Windows 10安装程序，首先选择语言，这里选择"中文（简体，中国）"

❹进入"疑难解答"界面，单击"高级选项"按钮

❸单击"修复计算机"选项

❺进入"高级选项"界面，单击"系统映像恢复"按钮

❻选择"选择系统映像"单选按钮，然后单击"下一步"按钮，之后选择创建的映像进行恢复

图 7-3　用 Windows 系统安装 U 盘恢复系统

7.2.3 任务3：使用 Ghost 备份系统

　　Ghost 软件是美国赛门铁克公司推出的一款出色的硬盘备份还原工具，可以实现 FAT16、FAT32、NTFS、OS2 等多种硬盘分区格式的分区及硬盘的备份及还原，俗称克隆软件。使用 Ghost 将系统备份后，如系统出现问题，可用 Ghost 备份文件将系统恢复，这样只需 10 分钟左右就可以修好系统。

　　使用 Ghost 备份系统的方法如图 7-4 所示。

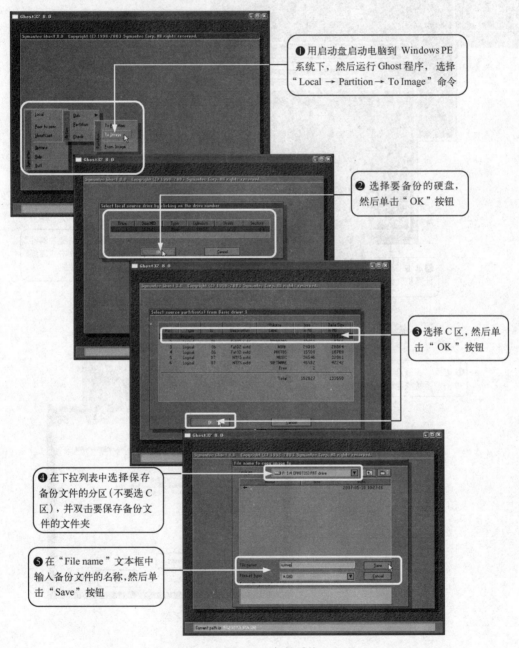

❶ 用启动盘启动电脑到 Windows PE 系统下，然后运行 Ghost 程序，选择 "Local → Partition → To Image" 命令

❷ 选择要备份的硬盘，然后单击 "OK" 按钮

❸ 选择 C 区，然后单击 "OK" 按钮

❹ 在下拉列表中选择保存备份文件的分区（不要选 C 区），并双击要保存备份文件的文件夹

❺ 在 "File name" 文本框中输入备份文件的名称，然后单击 "Save" 按钮

图 7-4　备份系统

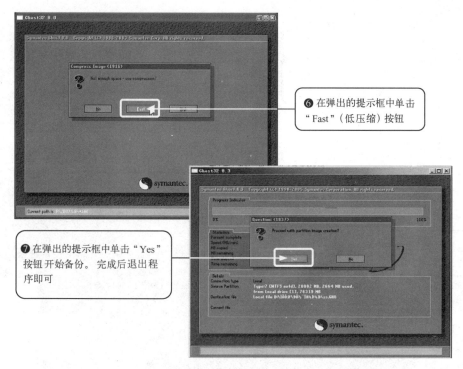

图 7-4 备份系统（续）

🔲 7.2.4 任务 4：使用 Ghost 恢复系统

使用 Ghost 备份文件恢复系统的方法如图 7-5 所示。

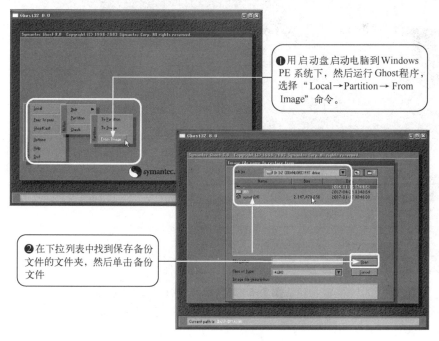

图 7-5 恢复系统

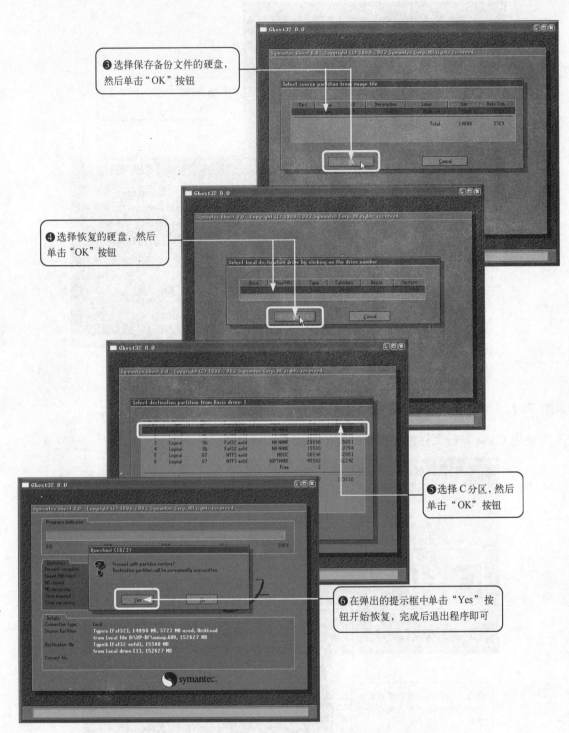

❸选择保存备份文件的硬盘，然后单击"OK"按钮

❹选择恢复的硬盘，然后单击"OK"按钮

❺选择C分区，然后单击"OK"按钮

❻在弹出的提示框中单击"Yes"按钮开始恢复，完成后退出程序即可

图7-5　恢复系统（续）

7.3　高手经验总结

　　经验一：安装完全新的操作系统，设置好硬件驱动程序，安装好软件后，备份一下系统是个良好的习惯。在今后系统出现错误或故障时，利用备份文件恢复系统，可以节省系统维护的时间。

　　经验二：备份系统时，一定要将备份的文件保存到非系统盘上（如 D 盘或 E 盘等）。

　　经验三：用 Ghost 恢复系统时，通常需要启动电脑到 Windows PE 系统，然后运行 Ghost 程序，因此最好提前准备一个 Windows PE 启动盘，以备不时之需。

第**8**章

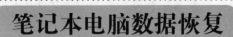

笔记本电脑数据恢复

学习目标

1. 了解数据丢失的原因
2. 认识常用数据恢复软件
3. 掌握恢复误删除文件的方法
4. 掌握恢复因格式化磁盘被删除的文件的方法
5. 掌握修复损坏文件的方法

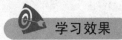
学习效果

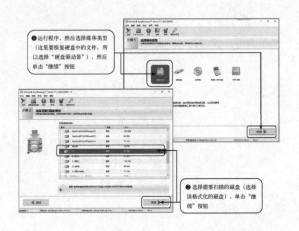

❶运行程序，然后选择媒体类型（这里要恢复硬盘中的文件，所以选择"硬盘驱动器"），然后单击"继续"按钮

❷选择需要扫描的磁盘（选择误格式化的磁盘），单击"继续"按钮

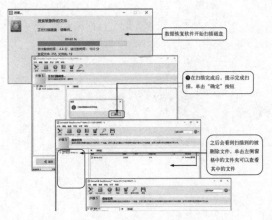

数据恢复软件开始扫描磁盘

❸在扫描完成后，提示完成扫描，单击"确定"按钮

之后会看到扫描到的被删除文件，单击左侧窗格中的文件夹可以查看其中的文件

在进行数据恢复时，首先要调查造成数据丢失或损坏的原因，然后对症下药，使用对应的数据恢复方法进行修复。本章将根据不同的数据丢失原因分析数据恢复的方法。

8.1 知识储备

在对数据进行恢复前，要先进行故障分析，不能盲目地做一些无用的操作，以免造成数据被覆盖而无法恢复。

8.1.1 数据恢复分析

问答 1：造成数据丢失的原因有哪些？

硬盘数据丢失的原因较多，一般可以分为人为原因、自然原因、软件原因和硬件原因。

1. 人为原因

人为原因主要是指使用人员的误操作，如误格式化或误分区、误克隆、误删除或覆盖、人为地摔坏硬盘等。

人为原因造成的数据丢失现象一般表现为操作系统丢失、无法正常启动系统、磁盘读写错误、找不到所需要的文件、文件打不开、文件打开后乱码、硬盘没有分区、提示某个硬盘分区没有格式化、硬盘被强制格式化以及硬盘无法识别或发出异响等。

2. 自然原因

自然原因包括水灾、火灾、雷击、地震等，或者操作时断电、意外电磁干扰等。

自然原因造成的数据丢失现象一般表现为硬盘损坏（硬盘无法识别或盘体损坏）、磁盘读写错误、找不到所需要的文件、文件打不开及文件打开后乱码等。

3. 软件原因

软件原因主要是指受病毒感染、零磁道损坏、硬盘逻辑锁、系统错误或瘫痪及软件Bug 等。

软件原因造成的数据丢失现象一般表现为操作系统丢失、无法正常启动系统、磁盘读写错误、找不到所需要的文件、文件打不开、文件打开后乱码、硬盘没有分区、提示某个硬盘分区没有格式化以及硬盘被锁等。

4. 硬件原因

硬件原因主要是指电脑设备的硬件故障（包括存储介质的老化、失效）、磁盘划伤、磁头变形、磁臂断裂、磁头放大器损坏、芯片组或其他元器件损坏等。

硬件原因造成的数据丢失现象一般表现为系统不认硬盘，常有一种"咔嚓咔嚓"或"哐当、哐当"的磁阻撞击声，或电机不转、通电后无任何声音、磁头定位不准造成读写错误等现象。

问答 2：什么样的硬盘数据可以恢复？

一块新的硬盘必须先分区，再用 Format 对相应的分区实行格式化后才能在这个硬盘上存储数据。

当需要从硬盘中读取文件时，会先读取某一分区的 BPB（分区表参数块）参数至内存，然后从目录区中读取文件的目录表（包括文件名、后缀名、文件大小、修改日期和文件在数据区保存的第一个簇的簇号），找到相对应文件的首扇区和 FAT（文件分配表）的入口，再从 FAT 中找到后续扇区的相应链接，移动硬盘的磁臂再到对应的位置进行文件读取，当读到文件结束标志"FF"时，读文件结束，这样就完成了某一个文件的读操作。

当需要保存文件时，操作系统首先在 DIR 区（目录区）中找到空闲区写入文件名、大小和创建时间等相应信息，然后在数据区找出空闲区域将文件保存，再将数据区的第一个簇写入目录区，同时完成 FAT 的填写，具体的动作和文件读取动作差不多。

当需要删除文件时，操作系统只是将目录区中该文件的第一个字符改为"E5"来表示该文件已经删除，同时改写引导扇区的第二个扇区，用来表示该分区可用空间大小的相应信息，而文件在数据区中的信息并没有真正删除。

当给一块硬盘分区、格式化时，并没有将数据从 DATA 区直接删除，而是利用 Fdisk 重新建立硬盘分区表，利用 Format 格式化重新建立 FAT 而已。

综上所述，在实际操作中，删除文件、重新分区并快速格式化（Format 不要加 U 参数）、快速低格、重整硬盘缺陷列表等，都不会把数据从物理扇区的数据区中实际抹去。删除文件只是把文件的地址信息在列表中抹去，而文件的数据本身还在原来的地方，除非复制新的数据覆盖到那些扇区，才会把原来的数据真正抹去。重新分区和快速格式化只不过是重新构造新的分区表和扇区信息，同样不会影响原来的数据在扇区中的物理存在，直到有新的数据去覆盖它们为止。快速低级格式化是用 DM 软件快速重写盘面、磁头、柱面、扇区等等初始化信息，仍然不会把数据从原来的扇区中抹去。重整硬盘缺陷列表也是把新的缺陷扇区加入 G 列表或者 P 列表，而对于数据本身其实没有实质性影响。但对于那些本来存储在缺陷扇区中的数据就无法恢复了，因为扇区已经出现物理损坏，即使不加入缺陷列表，也很难恢复。

所以，对于上述这些操作造成的数据丢失，一般都可以恢复。在进行数据恢复时，最关键的一点是在错误操作出现后，不要再对硬盘作任何无意义操作和不要再向硬盘里面写入任何东西。

在恢复数据时，一般可以利用专门的数据恢复软件，如 EasyRecovery、FinalData 等。但如果硬盘有轻微的缺陷，单用专门的数据恢复软件恢复将会有一些困难，应该先修理一下，让硬盘可以正常使用，再进行软件的数据恢复。

另外，如果硬盘已经不能动了，这时需要使用软硬件结合的方式来恢复。采用软硬件结合的数据恢复方式，关键在于恢复用的仪器设备，这些设备都需要放置在级别非常高的超净无尘工作间里面。这些设备的恢复原理一般都是把硬盘拆开，把损坏的硬盘的磁盘放在机器的超净工作台上，然后用激光束对盘片表面进行扫描。因为盘面上的磁信号其实是数字信号（0 和 1），所以相应地，反映到激光束发射的信号上也是不同的。这些仪器就是通过这样的扫描，一丝不漏地把整个硬盘的原始信号记录下来，然后再通过专门的软件分析来进行数据恢复。或者还可以将损坏硬盘的磁盘拆下后安装在另一个型号相同的硬盘中，借助正常的硬盘读取损坏磁盘的数据。

8.1.2 了解数据恢复软件

问答 1：常用的数据恢复软件有哪些？

在日常维修中，通常使用一些数据恢复软件来恢复硬盘的数据，成功率也较高。常用的数据恢复软件主要有 EasyRecovery、FinalData、R-Studio、DiskGenius 及 WinHex 等。

问答 2：EasyRecovery 数据恢复软件有哪些功能？

EasyRecovery 软件是一款非常著名的老牌数据恢复软件。该软件功能非常强大，能够恢复因分区表破坏、病毒攻击、误删除、误格式化、重新分区等原因而丢失的数据，甚至可以不依靠分区表按照簇来进行硬盘扫描。

另外，EasyRecovery 软件还能够对 ZIP 文件以及微软 Office 系列文档进行修复。图 8-1 所示为 EasyRecovery 软件主界面。

主界面中

图 8-1　EasyRecovery 软件主界面

问答 3：FinalData 数据恢复软件有哪些功能？

FinalData 软件最大的优势就是恢复速度快，可以大大缩短搜索丢失数据的时间。FinalData 不仅恢复速度快，而且其在数据恢复方面的功能也十分强大。它不仅可以按照物理硬盘或者逻辑分区进行扫描，还可以通过对硬盘的绝对扇区扫描分区表，进而找到丢失的分区。

FinalData 软件在对硬盘扫描之后会在其主界面中显示找到的文件及其各种信息，并且把找到的文件按状态进行归类。如果状态是已经被破坏，那么对数据进行恢复也不能完全找回数据。这样方便用户了解恢复数据的可能性。同时，此款软件还可以通过扩展名来进行同类文件的搜索，这样就方便对同一类型的文件进行数据恢复。

FinalData 软件可以恢复误删除（并从回收站中清除）、FAT 或者磁盘根区被病毒侵蚀造成的文件信息全部丢失、物理故障造成 FAT 或者磁盘根区不可读以及磁盘格式化造成的全部文件信息丢失和损坏的 Office 文件、邮件文件、MPEG 文件、Oracle 文件，还可以恢复磁盘被格式化、分区造成的文件丢失等。图 8-2 所示为 FinalData 软件界面，其左侧窗格中各项的含义见表 8-1。

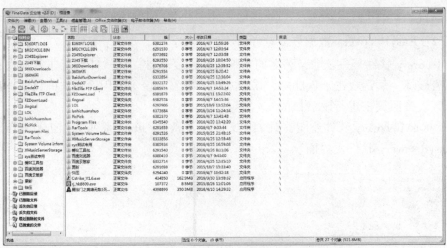

图 8-2　FinalData 软件界面

表 8-1　左侧窗格中各项的含义

内　容	含　义
根目录	正常根目录
已删除目录	从根目录删除的目录集合
已删除文件	从根目录删除的文件集合
丢失的目录	如果根目录由于格式化或者病毒等而被破坏，FinalData 就会把发现和恢复的信息归类到"丢失的目录"类别中
丢失的文件	被严重破坏的文件，如果数据部分依然完好，可以从"丢失的文件"类别中找到并恢复
最近删除的文件	在安装 FinalData 后，"文件删除管理器"功能会自动将被删除文件的信息加入"最近删除的文件"类别中。这些文件信息保存在一个特殊的硬盘位置，一般可以完整地恢复
已搜索的文件	可以通过"查找"功能找到的文件

问答 4：R-Studio 数据恢复软件有哪些功能？

R-Studio 软件是功能超强的数据恢复、反删除工具，可以支持 FAT16、FAT32、NTFS 和 Ext2（Linux 系统）格式的分区，同时提供对本地和网络磁盘的支持。

R-Studio 软件支持 Windows XP 及以上版本系统，可以通过网络恢复远程数据，能够重建损毁的 RAID 阵列，为磁盘、分区、目录生成镜像文件，恢复删除分区上的文件、加密文件（NTFS 5），数据流（NTFS、NTFS 5），恢复 FDISK 或其他磁盘工具删除的数据、病毒破坏的数据、MBR 破坏后的数据等。图 8-3 所示为 R-Studio 软件主界面。

问答 5：DiskGenius 数据恢复软件有哪些功能？

DiskGenius 是一款硬盘分区及数据维护软件。它不仅提供了基本的硬盘分区功能，如建立、激活、删除、隐藏分区，还具有强大的分区维护功能，如分区表备份和恢复、分区参数修改、硬盘主引导记录修复、重建分区表等。此外，它还具有分区格式化、分区无损调整、硬盘表面扫描、扇区复制、彻底清除扇区数据等实用功能，还增加了对 VMWare 虚拟硬盘的支持。图 8-4 所示为 DiskGenius 软件主界面。

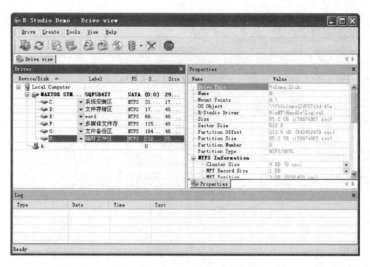

图 8-3　R-Studio 软件主界面

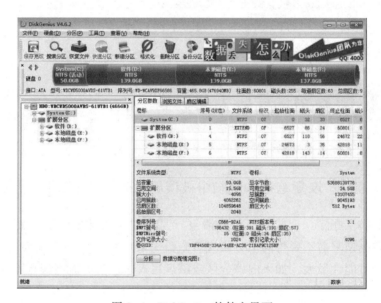

图 8-4　DiskGenius 软件主界面

问答 6：WinHex 数据恢复软件有哪些功能？

WinHex 是一款在 Windows 系统下运行的十六进制编辑软件。此软件功能强大，有完善的分区管理功能和文件管理功能，能自动分析分区链和文件簇链，能对硬盘进行不同方式、不同程度的备份，甚至克隆整个硬盘；它能够编辑任何一种文件类型的二进制内容（用十六进制显示）；其磁盘编辑器可以编辑物理磁盘或逻辑磁盘的任意扇区。

另外，它可以用来检查和修复各种文件，可以恢复删除文件、硬盘损坏造成的数据丢失等。它还可以让用户看到其他程序隐藏起来的文件和数据。图 8-5 所示为 WinHex 软件主界面。

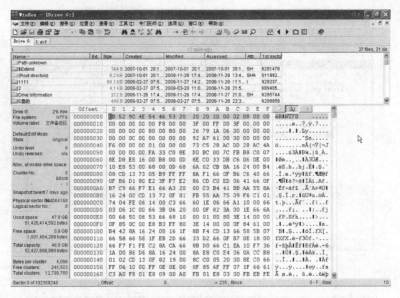

图 8-5　WinHex 软件主界面

8.2　实战：恢复损坏或丢失的数据

下面通过一些案例来讲解数据恢复的方法。

8.2.1　任务 1：恢复笔记本电脑中被误删除的照片或文件

照片或文件被误删除（回收站已经被清空）是一种比较常见的数据丢失的情况。对于这种情况，在数据恢复前不要再向该分区或者磁盘写入信息（保存新资料），因为刚被删除的文件被恢复的可能性最大。如果向该分区或磁盘写入信息就可能将误删除的数据覆盖，而造成无法恢复。

在 Windows 系统中删除文件（放入回收站）仅仅是把文件的首字节改为"E5H"，而数据区的内容并没有被修改，因此比较容易恢复，使用数据恢复软件可以轻松地把误删除或意外丢失的文件找回来。

在文件被误删除或丢失时，可以使用 EasyRecover 或 FinalData 等数据恢复软件进行恢复。不过要特别注意的是，在发现文件丢失后，准备使用恢复软件时，不能直接在故障电脑中安装这些恢复软件，因为软件的安装可能恰恰把刚才丢失的文件覆盖。最好的做法是把硬盘连接到其他电脑上进行数据恢复。

恢复笔记本电脑中被误删除的照片或文件的方法如图 8-6 所示。

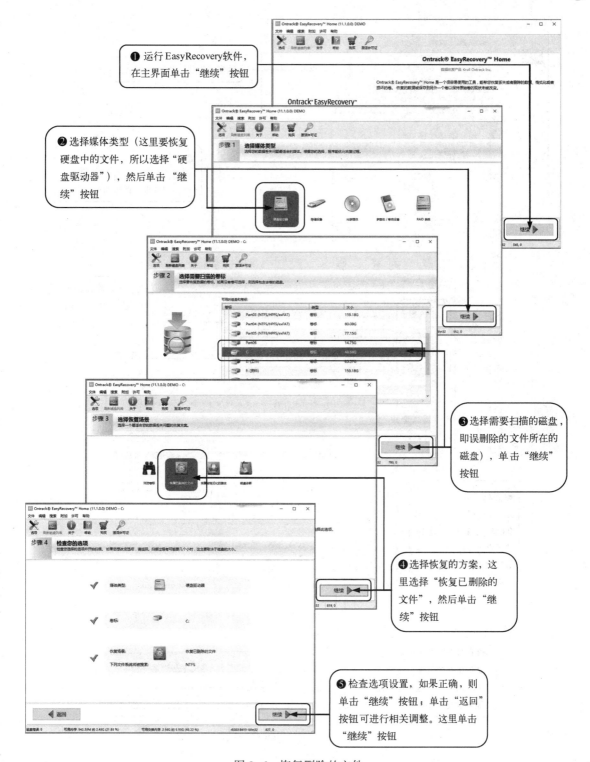

❶ 运行EasyRecovery软件，在主界面单击"继续"按钮

❷ 选择媒体类型（这里要恢复硬盘中的文件，所以选择"硬盘驱动器"），然后单击"继续"按钮

❸ 选择需要扫描的磁盘，即误删除的文件所在的磁盘），单击"继续"按钮

❹ 选择恢复的方案，这里选择"恢复已删除的文件"，然后单击"继续"按钮

❺ 检查选项设置，如果正确，则单击"继续"按钮；单击"返回"按钮可进行相关调整。这里单击"继续"按钮

图 8-6 恢复删除的文件

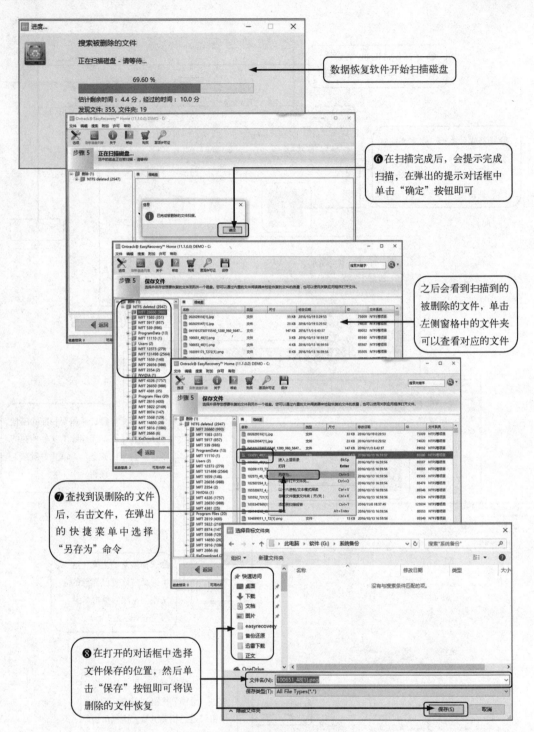

图 8-6　恢复删除的文件（续）

8.2.2　任务 2：系统无法启动后抢救笔记本电脑中的文件

当 Windows 系统损坏，导致无法开机启动系统时，一般需要重新安装系统来修复故障，而重装系统通常会将 C 盘格式化，这样势必造成 C 盘中未备份的文件丢失。因此在安装系统前，需要将 C 盘中有用的文件复制出来。

对于这种情况，可以使用启动盘启动笔记本电脑到 Windows PE 系统，直接将系统盘中的有用文件复制到非系统盘中，具体操作方法如下。

第 1 步：准备一张 Windows PE 启动光盘，然后将光盘放入光驱；接着在电脑 BIOS 中把启动顺序设置为光驱启动，并保存退出，重启电脑。

第 2 步：开始启动系统后，选择从 Windows PE 启动系统。

第 3 步：系统启动到桌面，打开桌面上的“我的文档”文件夹，然后将有用的文件复制到 E 盘，如图 8-7 所示。

图 8-7　在 Windows PE 系统中恢复数据文件

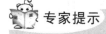
专家提示

利用“加密文件系统”（EFS）加密的文件不易被恢复。

8.2.3　任务 3：修复损坏或丢失的 Word 文档

Word 是许多电脑用户喜欢使用的文字处理软件，当 Word 文档损坏而无法打开时，可以采用一些方法修复损坏文档，恢复受损文档中的文字。

“打开并修复”是 Word 2003/2007/2010 具有的文件修复功能，当 Word 文件损坏后，可以尝试这种方法。下面以 Word 2007 为例进行讲解，具体方法如下。

第 1 步：运行 Word 程序，单击“Office”按钮，在弹出的菜单中选择“打开”命令。

第 2 步：弹出“打开”对话框，选择要修复的文件，然后单击“打开”按钮右边的箭头按钮，并在弹出的下拉列表中选择“打开并修复”选项，如图 8-8 所示。

第 3 步：Word 程序会自动修复损坏的文件并打开。

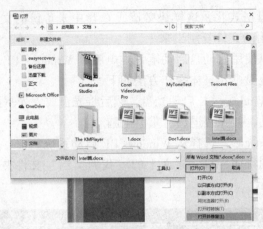

图 8-8 "打开"对话框

8.2.4 任务 4：恢复因误格式化而丢失的文件

当一块硬盘被格式化时，并没有将数据从硬盘的数据区（DATA 区）直接删除，而是利用 Format 格式化重新建立了分区表，所以硬盘中的数据还有恢复的可能。通常，硬盘被格式化后，结合数据恢复软件即可进行数据恢复。

专家提示

当因硬盘被格式化操作造成数据丢失时，最好不要再对硬盘做任何无用的操作，即不要向被格式化的硬盘中存放任何数据，以免数据被覆盖而无法恢复。

利用数据恢复软件恢复因误格式化分区而丢失的文件的方法如图 8-9 所示（以 EasyRecovery 为例）。

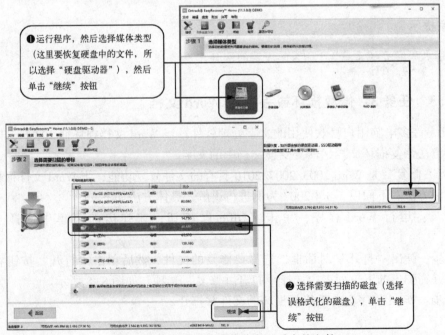

图 8-9 恢复因误格式化分区而丢失的文件

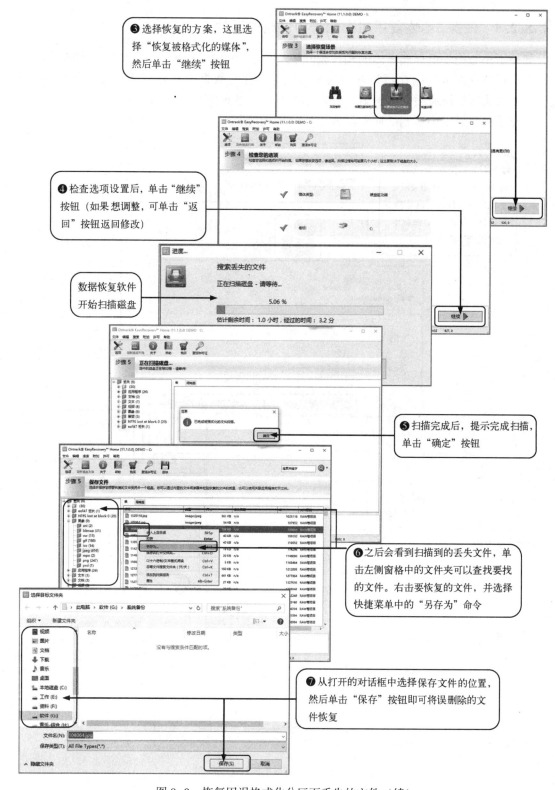

❸ 选择恢复的方案，这里选择"恢复被格式化的媒体"，然后单击"继续"按钮

❹ 检查选项设置后，单击"继续"按钮（如果想调整，可单击"返回"按钮返回修改）

数据恢复软件开始扫描磁盘

❺ 扫描完成后，提示完成扫描，单击"确定"按钮

❻ 之后会看到扫描到的丢失文件，单击左侧窗格中的文件夹可以查找要找的文件。右击要恢复的文件，并选择快捷菜单中的"另存为"命令

❼ 从打开的对话框中选择保存文件的位置，然后单击"保存"按钮即可将误删除的文件恢复

图 8-9　恢复因误格式化分区而丢失的文件（续）

8.2.5 任务5：恢复手机存储卡中误删的照片

如果不小心把手机存储卡内的相片删除了，该怎么办？这是很多朋友都遇到过的问题。由于手机用的存储卡是闪存，和电脑的机械硬盘相比，数据被删除后要恢复更加困难。不过，只要丢失数据没有被彻底覆盖，被删除的照片还是有机会找回的。

恢复手机存储卡中误删的照片的方法如图8-10所示。

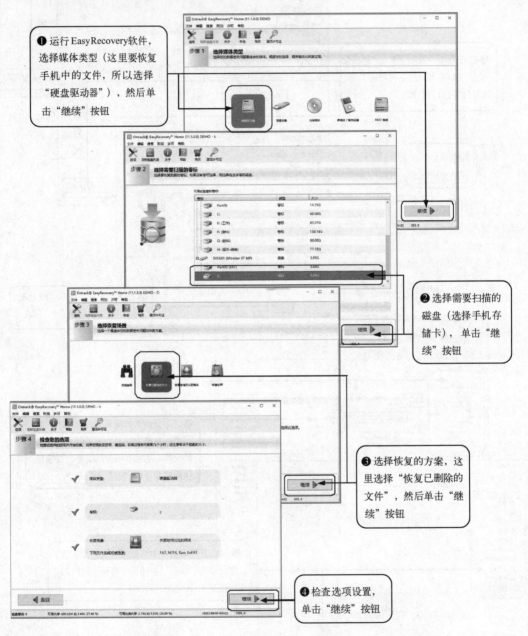

图8-10 恢复手机存储卡中误删的照片

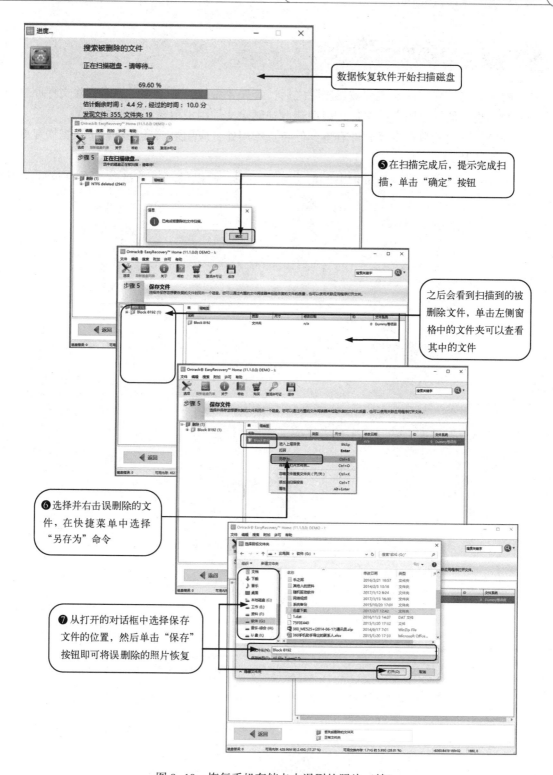

图 8-10　恢复手机存储卡中误删的照片（续）

8.3 高手经验总结

经验一：当发现文件或照片被误删除之后，首先要做的就是停止操作误删除文件原来所在的磁盘，更不能往里面存放文件，以免造成被删除文件因被覆盖而无法恢复。

经验二：不同的数据恢复软件有不同的特点和用处，应用之前最好对各个数据恢复软件的功能了解清楚。

经验三：启动盘在维修和维护电脑时会经常用到，所以最好提前准备一个 Windows PE 启动盘。

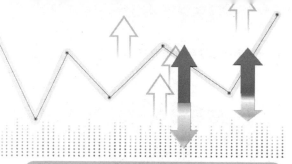

第9章

笔记本电脑 BIOS设置

 学习目标

1. 了解 BIOS 的功能和作用
2. 掌握进入 BIOS 程序和各个模块的功能
3. 掌握笔记本电脑 BIOS 启动顺序设置方法
4. 掌握笔记本电脑密码设置方法
5. 掌握笔记本电脑 BIOS 恢复出厂设置的方法

 学习效果

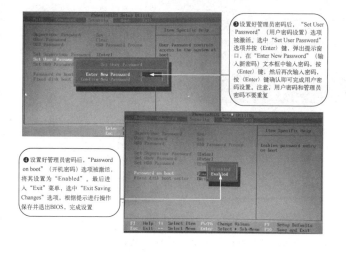

❸设置好管理员密码后，"Set User Password"（用户密码设置）选项被激活，选中"Set User Password"选项并按〈Enter〉键，弹出提示窗口，在"Enter New Password"（输入新密码）文本框中输入密码，按〈Enter〉键，然后再次输入密码，按〈Enter〉键确认即可完成用户密码设置。注意，用户密码和管理员密码不要重复

❹设置好管理员密码后，"Password on boot"（开机密码）选项被激活，将其设置为"Enabled"。最后进入"Exit"菜单，选中"Exit Saving Changes"选项，根据提示进行操作保存并退出BIOS，完成设置

9.1 知识储备

9.1.1 认识笔记本电脑的 BIOS

问答 1：什么是 BIOS？

BIOS（Basic Input Output System，基本输入/输出系统）是一组固化到电脑主板上的 ROM 芯片上的程序，保存着电脑最重要的基本输入/输出程序、系统设置信息、开机上电自检程序和系统启动自检程序。其主要功能是为电脑提供最低级、最直接的硬件控制，电脑的原始操作都是依照固化在 BIOS 里的程序来完成的。准确地说，BIOS 是硬件与软件之间的一个"转换器"，或者说是接口，它负责开机时对系统的各种硬件进行初始化设置和测试，以确保系统能够正常工作。电脑用户在使用电脑的过程中都会不知不觉地接触到 BIOS，它在电脑的操作系统中起着至关重要的作用。图 9-1 所示为 AMI 公司生产的 BIOS 芯片。

图 9-1　BIOS 芯片

问答 2：BIOS 芯片有何功能？

在电脑中，BIOS 主要负责解决硬件的即时需求，并按软件对硬件操作的要求执行具体的动作，如系统设置、开机自检、提供中断服务等。

1. 对系统进行设置

在电脑对硬件进行操作时，必须先获取硬件配置的相关信息，而这些信息被存放在一块可读写的 CMOS RAM 芯片中，BIOS 的主要功能就是对 CMOS RAM 芯片中的各项参数进行设置。

2. 开机自检

按下开机电源按钮后，POST（Power On Self Test，自检程序）便开始检查各个硬件设备是否工作正常，这个过程称为 POST 自检。POST 自检主要是针对主板、CPU、显卡、640 KB 基本内存、1 MB 以上的扩展内存、软/硬盘子系统、键盘、ROM、CMOS 存储器及串/并行端口等进行测试，如果发现了问题，系统将会给出提示信息或发出报警声，方便用户进一步处理。

3. 提供中断服务

BIOS 的中断服务是电脑操作系统中软件与硬件之间的一个可编程的接口，主要用于实现软件与电脑硬件之间的连接。其实也可以不调用 BIOS 提供的中断而直接用输入输出指令对这些端口进行操作，但这要求读者必须对这些端口有详细的了解。中断系统的一大好处是能够让程序员无须了解系统底层的硬件知识就能够进行编程。

■ 问答 3：何时需要对 BIOS 进行设置？

1. 重新安装操作系统时

当笔记本电脑需要安装操作系统时，需要操作人员设置 CMOS 参数来告诉电脑不要从硬盘启动，而要从 U 盘启动，准备安装系统。

2. 当开机自检出现出错提示时

电脑开机启动时，如果有硬件设备出错，电脑会停止启动，然后出现错误提示。此时只能通过进入 BIOS 程序重新完成参数设置。

3. 优化笔记本电脑性能时

对于开机启动顺序、硬盘数据传输模式、内存读写等待时间等参数，BIOS 设置程序中的原参数不一定是最合适的，往往需要经过多次试验才能找到与系统匹配的最佳组合。

9.1.2　笔记本电脑 BIOS 详解

■ 问答 1：如何进入笔记本电脑 BIOS 程序？

进入各品牌笔记本电脑的 BIOS 设置程序的快捷键并不统一，有的需要按〈F1〉键，有的需要按〈F2〉键，有的需要按〈F12〉键等。不管按什么快捷键，进入 BIOS 设置程序的操作方法是相同的，即在开机画面出现厂商商标画面时马上按快捷键。如图 9-2 所示，通常在屏幕下方有按键提示。

图 9-2　开机画面

除此之外，还有一种进入方法，就是在开机后按〈Enter〉键，这时会出现一个启动功能菜单，用户有 15 s 时间选择需要的功能。图 9-3 所示为联想品牌笔记本电脑的启动菜单。

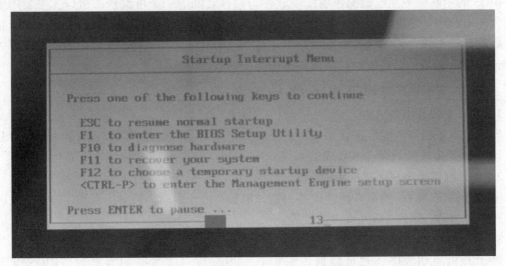

图 9-3　联想笔记本电脑的启动菜单

启动菜单中各选项功能说明如表 9-1 所示。

表 9-1　启动菜单

菜 单 选 项	菜 单 功 能
ESC	恢复正常启动
F1	进入 BIOS 设置界面
F10	进入硬件检测
F11	进入一键恢复系统
F12	选择引导驱动器

■ 问答 2：笔记本电脑 BIOS 程序各个模块有何功能？

进入笔记本电脑的 BIOS 程序后，会看到 BIOS 设置程序的几大模块，包括 Main、Config、Date/Time、Security、Startup、Restart 等，如图 9-4 所示（以联想品牌笔记本电脑为例）。在界面的最下方有 BIOS 程序操作提示。

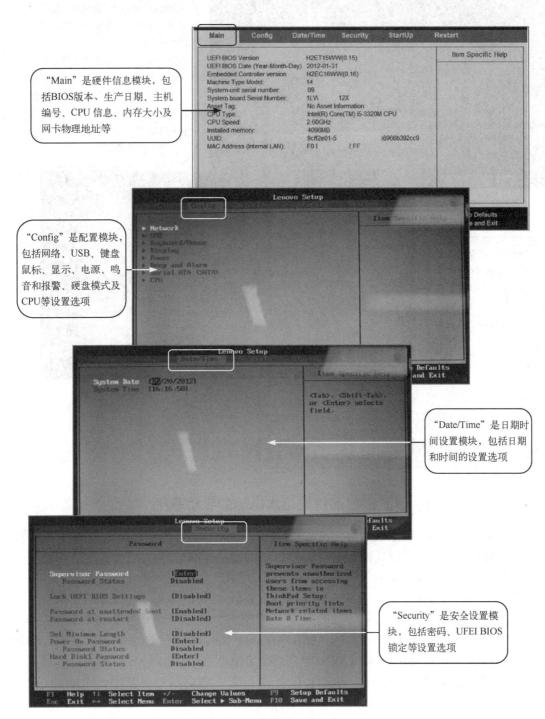

图 9-4　BIOS 程序中各模块的功能

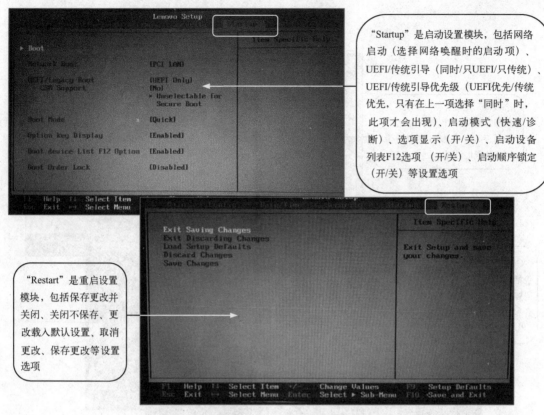

图 9-4　BIOS 程序中各模块的功能（续）

9.2 实战：笔记本电脑 BIOS 设置

9.2.1 任务 1：设置联想品牌笔记本电脑的启动顺序

联想品牌笔记本电脑默认的第一启动顺序为 USB KEY，所以有时插上 U 盘等移动设备后，会无法正常启动。可以通过改变启动顺序来解决这一问题。

启动顺序的设置步骤如下。

第一步：打开 BIOS 界面，进入"Startup"模块（有的电脑是"Boot"），然后选择"Boot"选项，进入"Boot"菜单，如图 9-5 所示。

第二步：分别选中"USB CD""Windows Boot Manager""USB FDD""ATA HDD0 HGST HTS545050A7E380""ATA HDD1""USB HDD"及"PCI LAN"等项，按〈-〉键将其移动到"USB FDD"启动项后，将 U 盘设为第一启动顺序。其中，"Windows Boot Manager"选项指的是 UEFI 启动。

第三步：进入"Exit"菜单，选中"Exit Saving Changes"选项，并根据提示进行操作，即可保存并退出 BIOS，完成设置。

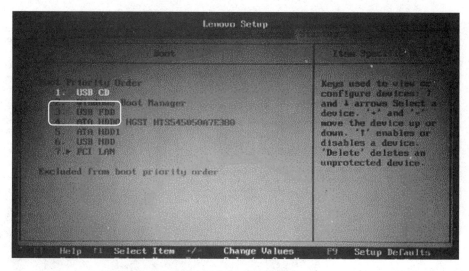

图 9-5 "Boot" 菜单

9.2.2 任务 2：设置三星品牌笔记本电脑的密码

三星品牌笔记本电脑的密码设置步骤如图 9-6 所示。

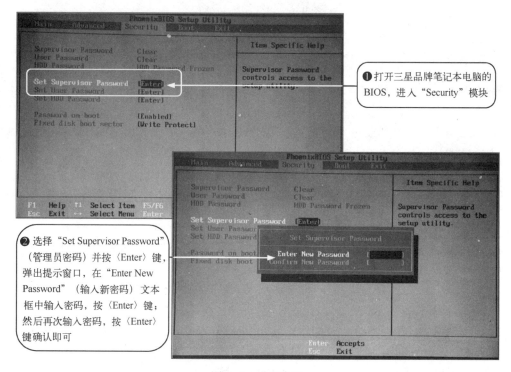

❶ 打开三星品牌笔记本电脑的 BIOS，进入 "Security" 模块

❷ 选择 "Set Supervisor Password" （管理员密码）并按〈Enter〉键，弹出提示窗口，在 "Enter New Password" （输入新密码）文本框中输入密码，按〈Enter〉键；然后再次输入密码，按〈Enter〉键确认即可

图 9-6 设置密码

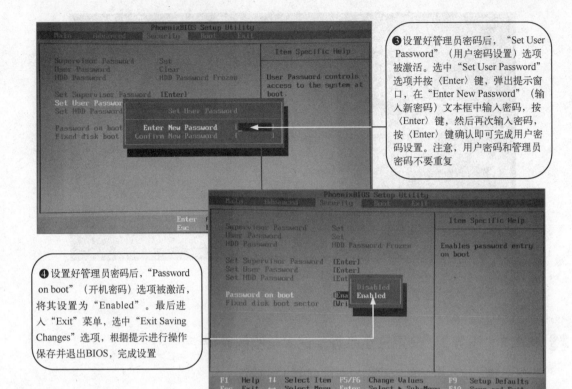

❸设置好管理员密码后，"Set User Password"（用户密码设置）选项被激活。选中"Set User Password"选项并按〈Enter〉键，弹出提示窗口，在"Enter New Password"（输入新密码）文本框中输入密码，按〈Enter〉键，然后再次输入密码，按〈Enter〉键确认即可完成用户密码设置。注意，用户密码和管理员密码不要重复

❹设置好管理员密码后，"Password on boot"（开机密码）选项被激活，将其设置为"Enabled"。最后进入"Exit"菜单，选中"Exit Saving Changes"选项，根据提示进行操作保存并退出BIOS，完成设置

图 9-6 设置密码（续）

专家提示

如果设置了开机密码，那么要输入一个密码才能进入电脑，这个密码可以是管理员密码或用户密码。也就是说，如果有管理员密码或开机密码，就可以对电脑进行操作。管理员密码是比用户高一级别的密码，如果没有管理员密码，用户可以进入BIOS，但是不可以对其设置进行修改。在BIOS设置管理员密码后，用户密码才被激活。

9.2.3 任务3：为戴尔品牌笔记本电脑恢复BIOS出厂设置

为戴尔品牌笔记本电脑恢复BIOS出厂设置的步骤如下所述。

第一步：按下开机键，待屏幕右上角出现"F2 to enter SETUP"提示信息时，按〈F2〉键进入BIOS设置界面。

第二步：利用〈↑〉〈↓〉方向键选中"Maintenance"分组，并按〈←〉方向键将其展开，展开界面如图9-7所示。

第三步：利用〈↑〉〈↓〉方向键选中"Load Defaults"（恢复BIOS出厂默认值）选项，并按〈Enter〉键打开"Load Defaults"界面，如图9-8所示。

第四步：选中"Continue"按钮后按〈Enter〉键。

第五步：按〈Esc〉键退出"Maintenance"界面。

第六步：再次按〈Esc〉键，选择"Save/Exit"命令保存并退出。设置步骤完成。

图 9-7 "Maintenance" 界面

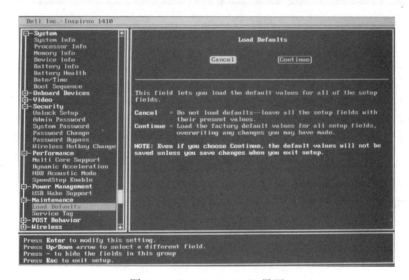

图 9-8 "Load Defaults" 界面

9.2.4 任务 4：通过 BIOS 设置风扇的运转状态

如果不是温度过高，就不需要强大的散热功能，而 CPU 风扇一直强力地转着无疑是一种电能的浪费。另外，主板都有温控芯片，当温度达到临界点时，风扇会自动启动；当温度下降到一定程度时，风扇会自动减速或停止运行，因此也没必要一直将风扇开着。通过 BIOS 设置可以调整风扇的运转状态。

通过 BIOS 设置风扇运转状态的步骤如下。

第一步：按下电源开关后，当显示屏出现惠普品牌的 logo 画面时，按〈F10〉键即可进入 BIOS 界面。

第二步：通过按〈←〉〈→〉方向键选择 "System Configuration"（系统配置）菜单。

第三步：利用〈↑〉〈↓〉方向键选中 "Fan Always On" 选项，进入 "Fan Alaways

On"界面，将其设置成"Disabled"（不支持）即可，如图9-9所示。

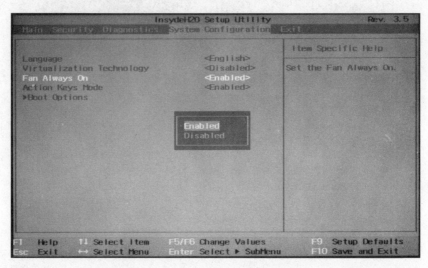

图9-9 "Fan Always On"界面

第四步：选中"Exit"菜单中的"Exit Saving Changes"选项保存并退出，完成设置。

9.2.5 任务5：BIOS锁定纯UFEI BIOS启动的解锁方法

安装Windows 8系统的笔记本电脑通常只支持UEFI启动，不支持传统的MBR启动方式，而且在BIOS的启动列表里也没有MBR启动设备。其实，这是因为微软强制各厂商开启Secure Boot，而开启Secure Boot后，CSM默认关闭。CSM关闭就使得电脑不能兼容传统的MBR启动。若MBR设备没使用UEFI引导，则不能启动。

对于这种情况，可以解锁以支持从传统MBR设备启动，操作步骤如下。

第一步：以联想ThinkPad笔记本电脑为例。首先开机按〈F1〉键进入BIOS设置程序，然后按方向键选择"Startup"（启动设置）模块，这时可以看到"CSM Support"选项。不过，CSM也不能打开，同样提示需要设置Secure Boot，如图9-10所示。

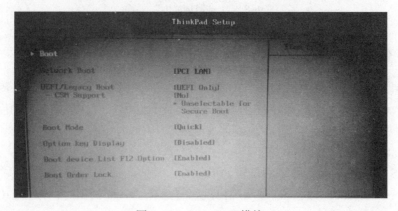

图9-10 "Startup"模块

第二步：进入"Security"（安全设置）模块，然后选择"Secure Boot"按〈Enter〉键进入"Secure Boot"界面，选择"Secure Boot"选项并将其设置成"Disabled"，然后按〈F10〉键保存并重启，如图 9-11 所示。

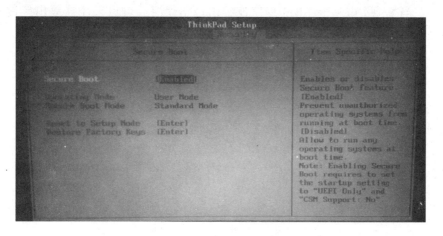

图 9-11　Secure Boot 界面

第三步：重启按〈F1〉键再进入 BIOS 设置程序，然后在"Startup"（启动设置）模块下选择"UEFI/Legacy Boot"选项，并将其设置为"Legacy Only"（仅传统启动），也可以选择"Both"（两者都）。选择后，可以看到下方的"CSM Support"选项自动变成"Yes"，如图 9-12所示。

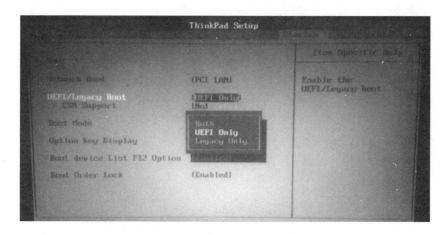

图 9-12　设置"UEFI/Legacy Boot"选项

最后按〈F10〉键保存并重启，进入 BIOS 设置程序后，可以看到 MBR 设备的选项出现在启动项里了。

9.3　高手经验总结

经验一：笔记本电脑 BIOS 程序设置中最常用的是设置启动顺序，不论在给新电脑安装系统时还是在维修笔记本电脑中修复系统时，都会用到，因此一定要掌握。虽然各个品牌的笔记本电脑的 BIOS 程序界面有差别，但启动顺序设置一般都在"BOOT"选项之下。

经验二：当笔记本电脑的 BIOS 程序设置出现错误时，可以采用恢复出厂设置将 BIOS 程序恢复到最初的出厂状态。

经验三：在笔记本电脑出现不断重启的故障时，可以通过 BIOS 程序查看电脑中主要硬件设备的工作电压和工作温度，以便找到故障原因。

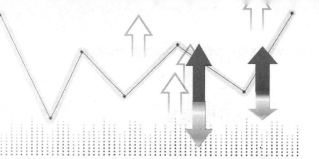

第 **10** 章

笔记本电脑系统恢复与重装

1. 掌握快速启动系统的安装方法
2. 掌握快速开机系统的安装流程
3. 掌握系统备份的方法
4. 恢复笔记本电脑系统的方法
5. 掌握从光盘安装 Windows 系统的方法
6. 掌握用 U 盘安装 Windows 系统的方法
7. 掌握用 Ghost 安装 Windows 系统的方法

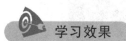

学习效果

第一，需要一张Windows 8/10
系统安装光盘或镜像文件

第二，需要一台支持
UEFI BIOS的电脑

❶ 右击"此电脑"图标，并
选择快捷菜单中的"属性"
命令

❷ 打开"系统"窗口，
在左侧窗格中单击
"设备管理器"选项

❸ 打开"设备管理器"窗口，单
击各设备选项左边的箭头图标即
可查看到设备的型号

10.1 知识储备

相信很多用户都在某一刻觉得电脑开机启动太慢，这个时候一定想着将来更换一台启动飞快的顶配电脑。其实，不用更换配置最高的电脑，只要掌握本章介绍的方法，即使是配置并不高的电脑，也可以让它飞快地启动。

10.1.1 如何实现快速开机

问答 1：如何让电脑开机速度变得飞快？

如何实现电脑快速开机呢？简单地说，就是"UEFI+GPT"，即硬盘使用 GPT 格式，并在 UEFI 模式下安装 Windows 8/10 系统，这样就可以实现快速开机了。

要在 UEFI 平台上安装 Windows 8/10 系统到底需要什么装备呢？其实很简单，如图 10-1 所示。

第一，需要一张Windows 8/10 系统安装光盘或镜像文件

第二，需要一台支持 UEFI BIOS的电脑

图 10-1 需要的设备

问答 2：怎么实现快速开机引导？

快速开机引导的系统安装方法与普通系统安装方法的主要区别在于，硬盘分区要采用 GPT 格式，电脑 BIOS 要采用 UEFI BIOS。UEFI BIOS. 引导安装 Windows 8/10 系统的流程如图 10-2 所示。

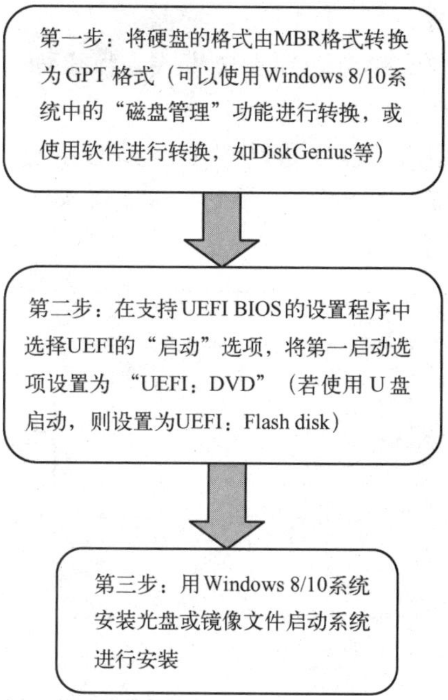

第一步：将硬盘的格式由MBR格式转换为 GPT 格式（可以使用Windows 8/10系统中的"磁盘管理"功能进行转换，或使用软件进行转换，如DiskGenius等）

第二步：在支持 UEFI BIOS 的设置程序中选择UEFI的"启动"选项，将第一启动选项设置为 "UEFI：DVD"（若使用 U 盘启动，则设置为UEFI：Flash disk）

第三步：用Windows 8/10系统安装光盘或镜像文件启动系统进行安装

图 10-2　安装流程

10.1.2　系统安装前的准备工作

安装操作系统是维修电脑时经常需要做的工作，在安装前要做好充分的准备工作，不然有可能无法正常安装。具体来讲，对于全新组装的电脑，准备好安装系统需要的物品即可；但对于出现故障，需要重新安装系统的电脑来说，需要做的工作就比较多了，包括备份电脑中的资料、查看硬件型号、查看电脑中安装的应用软件、准备安装所需物品等。

问答 1：如何备份电脑中的重要资料？

用一块新买的、第一次使用的硬盘安装系统时，不用考虑备份工作，因为硬盘中是空的，没有任何东西。但如果是用已经使用过的硬盘安装系统，必须考虑备份硬盘中的重要数据。因为在安装系统时通常要将装系统的分区进行格式化，会丢失格式化盘中的所有数据。

1. 备份

备份实际上就是将硬盘中的重要数据转移到安全的地方，即用复制的方法进行备份。将硬盘中要格式化的分区中的重要数据复制到不需要格式化的分区中（如 D 盘、E 盘等），或复制到 U 盘、移动硬盘、光盘等，或复制到联网的服务器上或客户机上等。不需要格式化的分区不用备份。

2. 重要数据

重要数据就是指用户平时自己的文件或需要安装的软件、游戏、歌曲、电影、视频等。备份时需要查看桌面上自己创建的文件和文件夹（电脑还可以启动的情况下）、"文档"文件夹、"图片"文件夹，以及要格式化盘中自己建立的文件、文件夹和其他资料等。另外，已经安装的应用软件不用备份，原来的操作系统也不用备份。

3. 各种情况下的备份方法

（1）如果系统能正常启动或能启动到安全模式，将桌面、文档及系统盘中的重要文件复制到非系统盘或可移动磁盘中。

（2）系统无法启动时，用启动盘启动到 Windows PE 系统，将系统盘中的重要文件及系统盘"用户"文件夹中"桌面""文档""图片"等文件夹中的重要文件复制到非系统盘或可移动磁盘中，如图 10-3 所示。

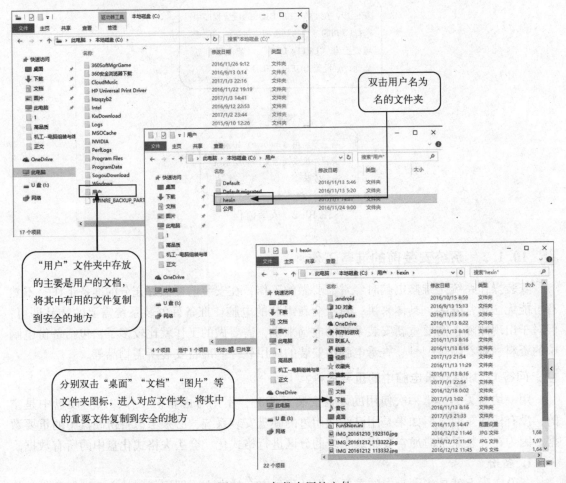

图 10-3　备份有用的文件

问答 2：怎样查看电脑各硬件的型号？

为什么要查看电脑硬件的型号呢？因为在安装完系统后，需要安装硬件的驱动程序，通过提前查看硬件的型号，可以对应准备相应的硬件驱动程序。如不提前查看，等系统装完后又找不见原先设备配套的驱动盘，上网下载又要要知道设备的型号对号下载，到时候再查找设备型号比较麻烦（如遇见这种情况，可能需打开机箱查看设备硬件芯片的标识）。对于新装电脑，由于还没安装系统无法查看，可以对照装机配置单进行查看。

查看硬件设备型号的方法如图 10-4 所示（以 Windows 10 系统为例）。

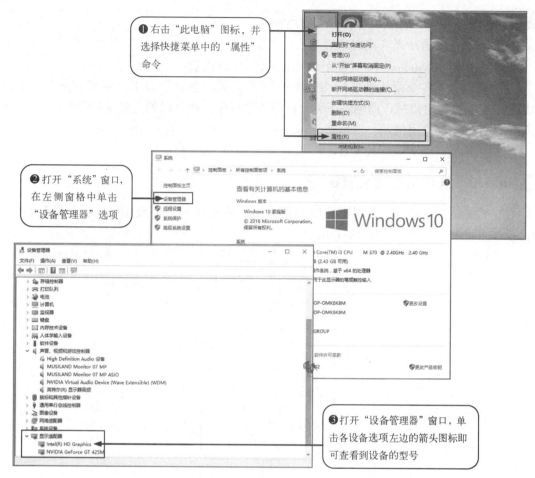

图 10-4　查看设备型号

问答 3：为何要查看系统中安装的应用软件？

提前了解用户可能需要的软件和游戏，并提前准备好，这样可以提高效率。要了解需要用的软化和游戏，可以通过提前查看电脑中的软件和游戏，具体方法如图 10-5 所示。

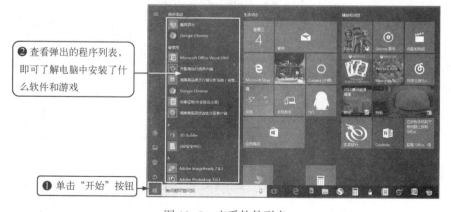

图 10-5　查看软件列表

■ 问答 4：安装系统前需要准备哪些物品？

（1）启动盘：启动光盘或启动 U 盘。

（2）系统盘：Windows 10/8 操作系统的安装 U 盘/光盘。

（3）驱动盘：各个硬件设备购买时都会附带光盘，主要是显卡、声卡、网卡、主板。如果驱动盘丢失，可以从厂商网站下载设备的驱动程序，也可以到一些专门提供驱动程序的网站下载（如驱动之家网站，网址是 www.mydrivers.com）。

（4）应用软件、游戏安装文件。

10.1.3 操作系统安装流程

在正式安装系统前，应先对整体的操作系统安装流程有一个大体的认识，做到心中有数。操作系统的安装流程如图 10-6 所示。

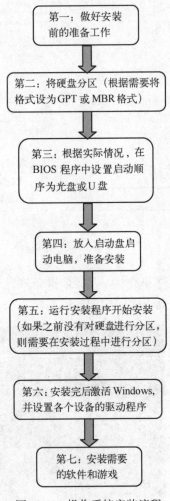

图 10-6 操作系统安装流程

10.1.4　Ghost 程序菜单功能详解

Ghost 程序是赛门铁克公司的硬盘备份及还原工具，用来安装系统或备份/还原硬盘数据，非常方便。Ghost 虽然功能实用，使用方便，但有一个较突出的问题，大部分版本都是英文界面，这给不少用户带来一定的困扰。

问答 1：Ghost 程序菜单有何功能？

Ghost 菜单功能如图 10-7 所示。

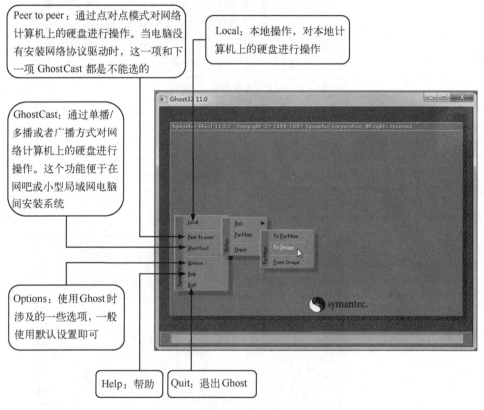

Peer to peer：通过点对点模式对网络计算机上的硬盘进行操作。当电脑没有安装网络协议驱动时，这一项和下一项 GhostCast 都是不能选的

Local：本地操作，对本地计算机上的硬盘进行操作

GhostCast：通过单播/多播或者广播方式对网络计算机上的硬盘进行操作。这个功能便于在网吧或小型局域网电脑间安装系统

Options：使用 Ghost 时涉及的一些选项，一般使用默认设置即可

Help：帮助　　Quit：退出 Ghost

图 10-7　Ghost 菜单

问答 2：Local 子菜单有何功能？

Ghost 程序 Local 二级子菜单如图 10-8 所示。

专家提示

Ghost 的使用主要是本地操作，所以这里主要介绍 Local 二级子菜单。

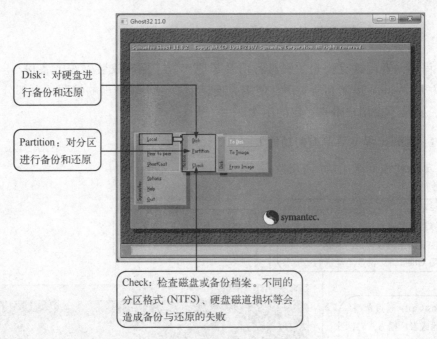

Disk：对硬盘进行备份和还原

Partition：对分区进行备份和还原

Check：检查磁盘或备份档案。不同的分区格式 (NTFS)、硬盘磁道损坏等会造成备份与还原的失败

图 10-8　Local 子菜单

问答 3：Disk 级联菜单有何功能？

Local 二级子菜单下的 Disk 三级子菜单如图 10-9 所示。

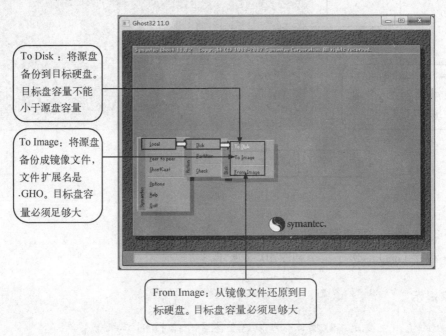

To Disk ：将源盘备份到目标硬盘。目标盘容量不能小于源盘容量

To Image：将源盘备份成镜像文件，文件扩展名是 .GHO。目标盘容量必须足够大

From Image：从镜像文件还原到目标硬盘。目标盘容量必须足够大

图 10-9　Disk 三级菜单

Local 二级子菜单下的 Partition 三级子菜单如图 10-10 所示。

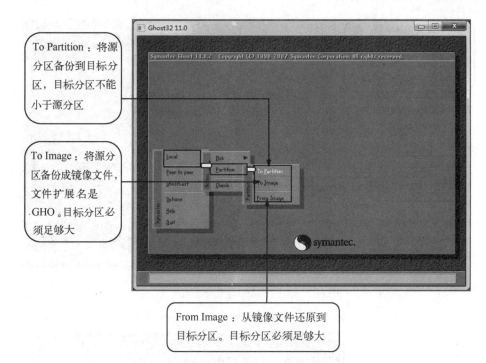

图 10-10　Partition 三级子菜单

Local 二级子菜单下的 Check 三级子菜单如图 10-11 所示。

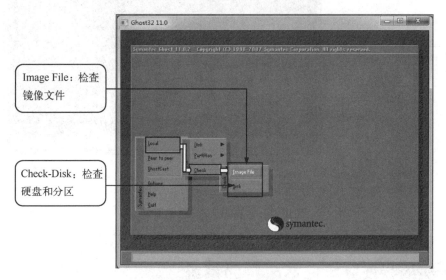

图 10-11　Check 三级子菜单

问答 4：Peer To Peer 二级子菜单有何功能？

Peer To Peer 二级子菜单如图 10-12 所示。

问答 5：GhostCast 二级子菜单有何功能？

GhostCast 二级子菜单如图 10-13 所示。

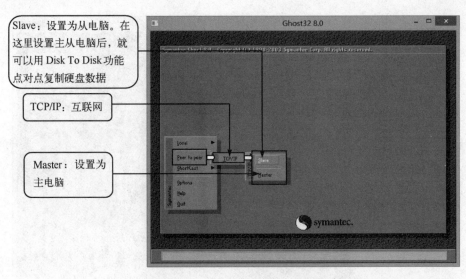

Slave：设置为从电脑。在这里设置主从电脑后，就可以用 Disk To Disk 功能点对点复制硬盘数据

TCP/IP：互联网

Master：设置为主电脑

图 10-12　Peer To Peer 二级子菜单

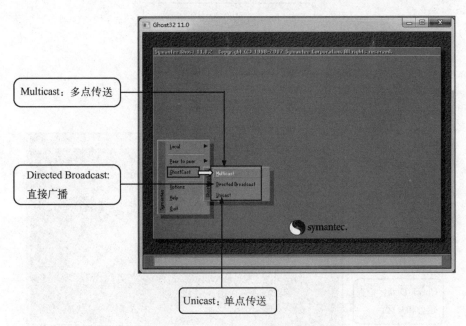

Multicast：多点传送

Directed Broadcast：直接广播

Unicast：单点传送

图 10-13　GhostCast 二级子菜单

10.2　实战：恢复笔记本电脑的系统

如果笔记本电脑的系统崩溃，可以使用厂商自带的系统隐藏分区进行恢复，这样只要十几分钟的时间就可以将电脑的系统、管理软件和应用程序恢复到出厂时的初始状态。图 10-14 所示为厂商自带的系统隐藏分区。

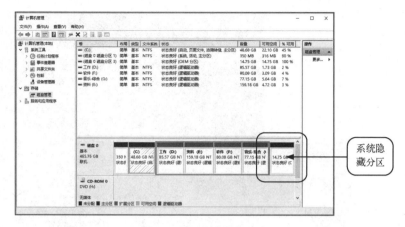

图 10-14 系统隐藏分区

具体恢复步骤如图 10-15 所示。

专家提示

恢复了原始备份的 Windows 8/10 系统后，系统里面是"干干净净"的，没有任何软件，此时必须手动安装各种软件，并根据喜好设置系统桌面、主题风格等。在保证系统能正常运行的前提下，建议此时创建一个新的还原点。

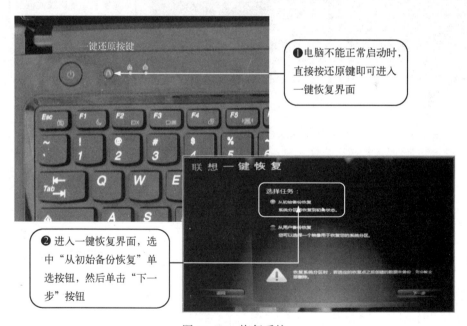

图 10-15 恢复系统

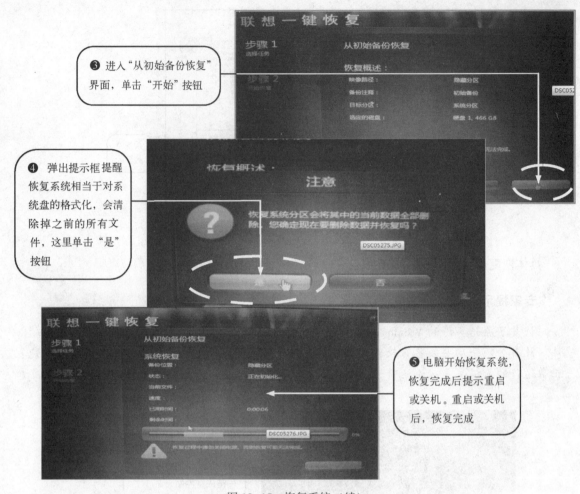

❸ 进入"从初始备份恢复"界面，单击"开始"按钮

❹ 弹出提示框提醒恢复系统相当于对系统盘的格式化，会清除掉之前的所有文件，这里单击"是"按钮

❺ 电脑开始恢复系统，恢复完成后提示重启或关机。重启或关机后，恢复完成

图 10-15　恢复系统（续）

10.3　实战：安装 Windows 操作系统

目前用得比较多的操作系统有 Windows 8、Windows 10 系统，安装方法也比较多，可以从 U 盘安装，从光盘安装，或从 Ghost 安装等，本节将进行详细讲解。

10.3.1　任务 1：用 U 盘安装全新的 Windows 10 系统

安装 Windows 10 操作系统的方法主要有光盘安装和 U 盘安装两种，这两种安装方法类似，下面以 U 盘安装为例讲解。

首先要从网上下载 Windows 10 系统安装程序，然后用制作工具（如 ULTRAISO）创建好 U 盘安装盘，并将硬盘分区设为 GPT 格式，接着按图 10-16 所示的方法进行安装。

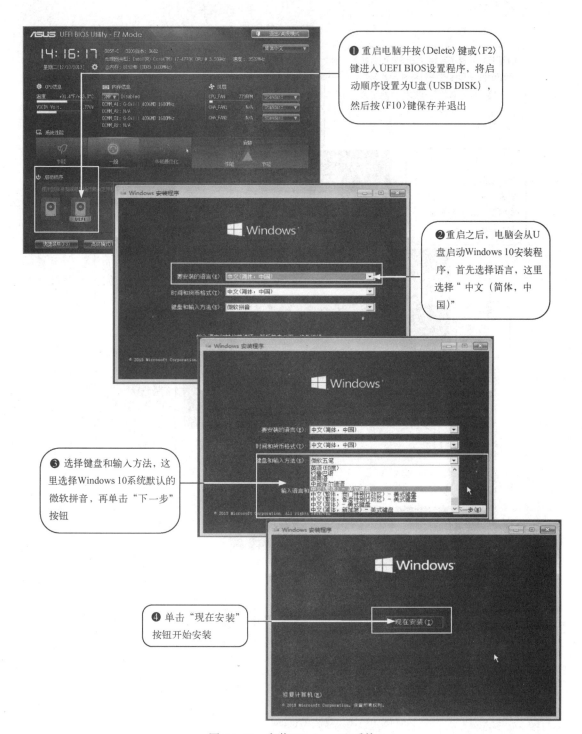

❶ 重启电脑并按〈Delete〉键或〈F2〉键进入 UEFI BIOS 设置程序，将启动顺序设置为 U 盘（USB DISK），然后按〈F10〉键保存并退出

❷ 重启之后，电脑会从 U 盘启动 Windows 10 安装程序，首先选择语言，这里选择"中文（简体，中国）"

❸ 选择键盘和输入方法，这里选择 Windows 10 系统默认的微软拼音，再单击"下一步"按钮

❹ 单击"现在安装"按钮开始安装

图 10-16　安装 Windows 10 系统

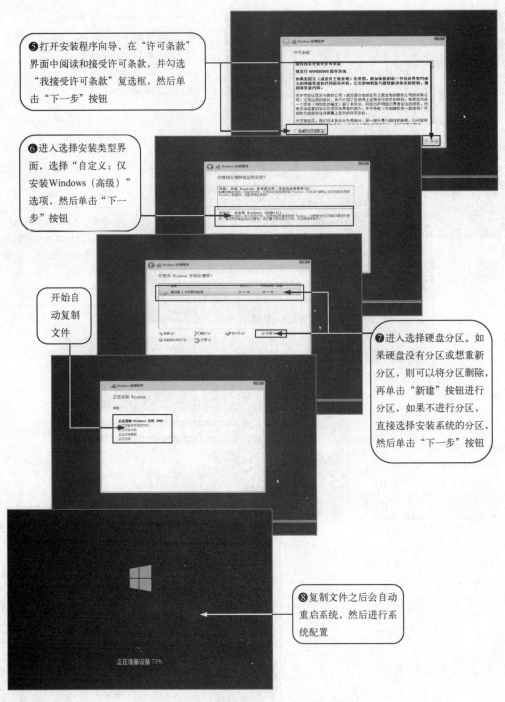

❺打开安装程序向导，在"许可条款"界面中阅读和接受许可条款，并勾选"我接受许可条款"复选框，然后单击"下一步"按钮

❻进入选择安装类型界面，选择"自定义：仅安装Windows（高级）"选项，然后单击"下一步"按钮

开始自动复制文件

❼进入选择硬盘分区。如果硬盘没有分区或想重新分区，则可以将分区删除，再单击"新建"按钮进行分区，如果不进行分区，直接选择安装系统的分区，然后单击"下一步"按钮

❽复制文件之后会自动重启系统，然后进行系统配置

图 10-16　安装 Windows 10 系统（续）

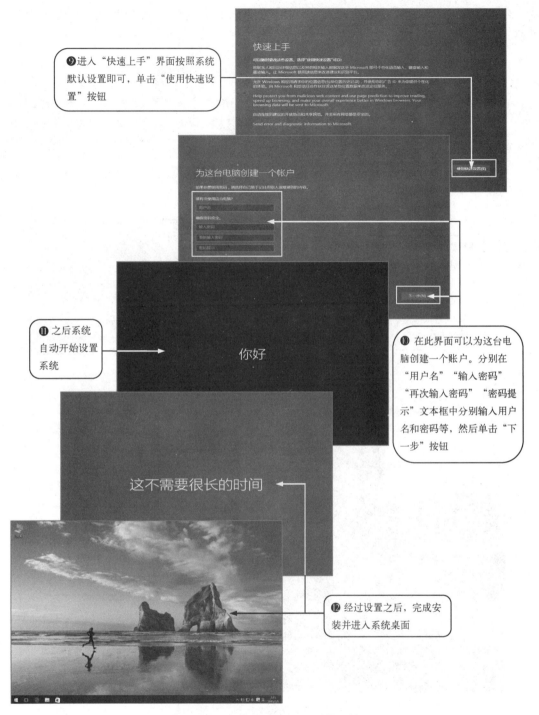

图 10-16　安装 Windows 10 系统（续）

10.3.2　任务 2：从光盘安装快速开机的 Windows 8 系统

在安装 Windows 8 系统之前，需要将硬盘的分区转换为 GPT 格式，然后准备开始安装系统，首先在 UEFI BIOS 中设置启动顺序，并放入光盘启动安装。本节以联想笔记本电脑为例讲解，方法如图 10-17 所示。

专家提示

如果在传统的 BIOS 主机中安装系统，需要在 BIOS 中设置电脑启动顺序为光驱启动。开机进入自检画面后，按〈Delete〉键进入 BIOS 设置界面，然后进入 "Advanced BIOS Features" 选项，按〈Page Down〉键将 "First Boot Device" 选项设置为 "CDROM"。最后按〈F10〉键保存并退出。

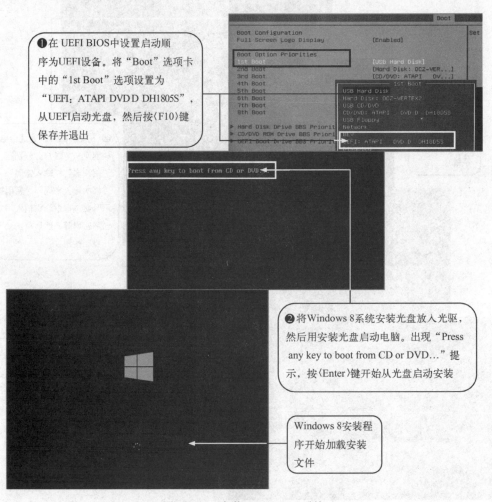

❶在 UEFI BIOS中设置启动顺序为UEFI设备。将"Boot"选项卡中的"1st Boot"选项设置为"UEFI：ATAPI DVDD DH1805S"，从UEFI启动光盘，然后按〈F10〉键保存并退出

❷将Windows 8系统安装光盘放入光驱，然后用安装光盘启动电脑。出现"Press any key to boot from CD or DVD…"提示，按〈Enter〉键开始从光盘启动安装

Windows 8安装程序开始加载安装文件

图 10-17　安装 Windows 8 系统

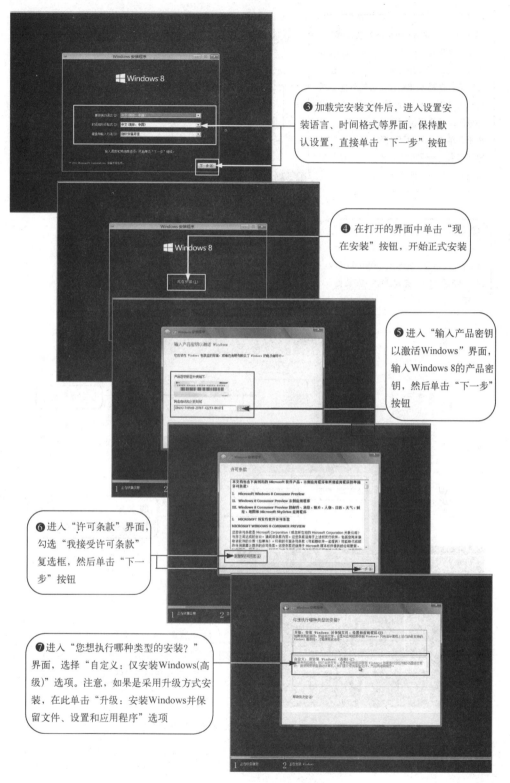

图 10-17 安装 Windows 8 系统（续）

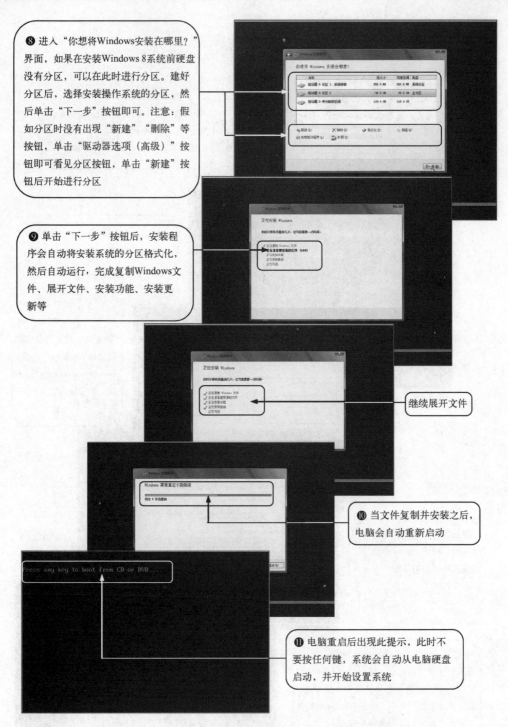

❽ 进入"你想将Windows安装在哪里？"界面，如果在安装Windows 8系统前硬盘没有分区，可以在此时进行分区。建好分区后，选择安装操作系统的分区，然后单击"下一步"按钮即可。注意：假如分区时没有出现"新建""删除"等按钮，单击"驱动器选项（高级）"按钮即可看见分区按钮，单击"新建"按钮后开始进行分区

❾ 单击"下一步"按钮后，安装程序会自动将安装系统的分区格式化，然后自动运行，完成复制Windows文件、展开文件、安装功能、安装更新等

继续展开文件

❿ 当文件复制并安装之后，电脑会自动重新启动

⓫ 电脑重启后出现此提示，此时不要按任何键，系统会自动从电脑硬盘启动，并开始设置系统

图 10-17　安装 Windows 8 系统（续）

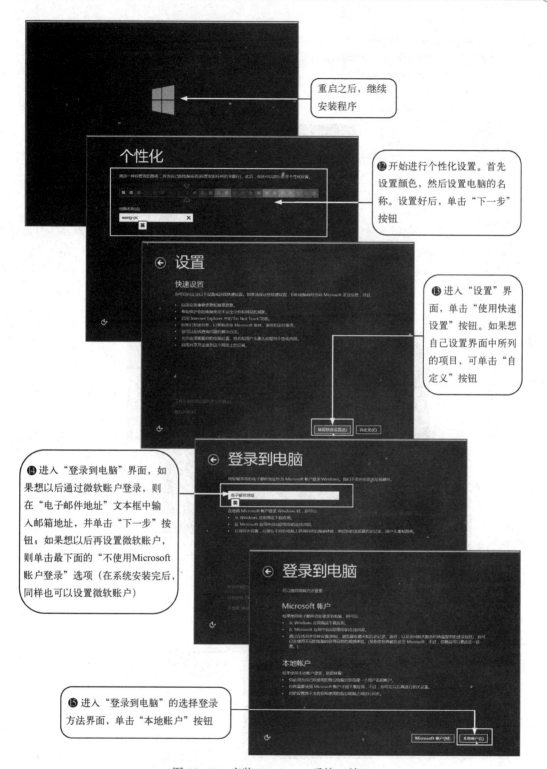

图 10-17　安装 Windows 8 系统（续）

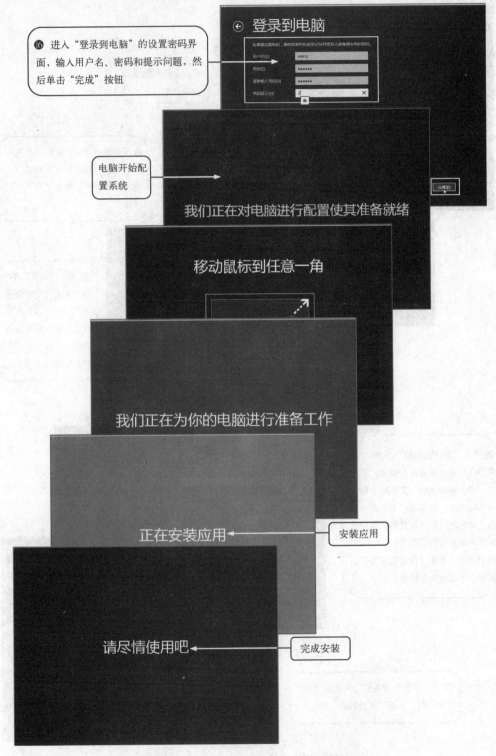

⑯ 进入"登录到电脑"的设置密码界面，输入用户名、密码和提示问题，然后单击"完成"按钮

电脑开始配置系统

安装应用

完成安装

图 10-17　安装 Windows 8 系统（续）

图 10-17　安装 Windows 8 系统（续）

10.3.3　任务 3：用 Ghost 软件安装 Windows 系统

很多商家或爱好者都会制作快捷方便的 Ghost 光盘。光盘中有 Ghost 处理过的 Windows 系统安装程序及一些工具等。用光盘 Ghost 系统的方法如图 10-18 所示。

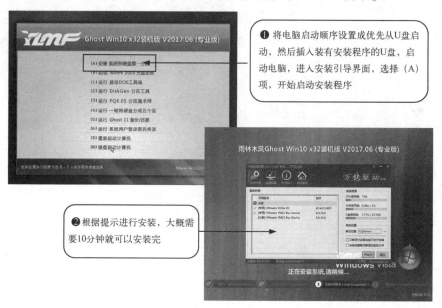

图 10-18　用光盘 Ghost 系统的方法

10.4　高手经验总结

经验一：要想让电脑开机速度变快，必须满足以下两个条件。首先，硬盘必须采用 GPT 格式，其次，电脑必须支持 UEFI BIOS。

经验二：备份电脑中的文件是非常重要的事情，在给故障电脑安装系统前，一定要做好备份，否则可能会造成损失。

经验三：维修电脑时，应提前查看电脑硬件的型号和安装的软件，以便提高装机效率，大大节省时间。

经验四：在电脑系统、硬件驱动、游戏软件都安装完成后，使用 Ghost 备份系统，以便在以后电脑出现故障时快速恢复系统。

经验五：制作一个 U 盘启动盘，在以后维修电脑时可以很方便地检查电脑故障，同时也便于备份电脑中的文件。

第 **11** 章

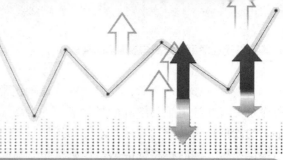

笔记本电脑驱动程序安装及设置

学习目标

1. 掌握硬件驱动程序查看方法
2. 掌握笔记本电脑自动安装驱动程序的方法
3. 掌握安装笔记本电脑硬件驱动程序的方法

学习效果

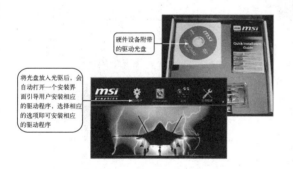

硬件设备附带
的驱动光盘

将光盘放入光驱后，会
自动打开一个安装界
面引导用户安装相应
的驱动程序，选择相应
的选项即可安装相应
的驱动程序

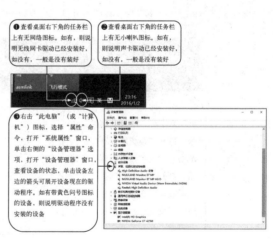

❶查看桌面右下角的任务栏
上有无网络图标，如有，则说
明无线网卡驱动已经安装好，
如没有，一般是没有装好

❷查看桌面右下角的任务栏
上有无小喇叭图标，如有，
则说明声卡驱动已经安装好，
如没有，一般是没有装好

❸右击"此电脑"（或"计算
机"）图标，选择"属性"命
令，打开"系统属性"窗口，
单击右侧的"设备管理器"选
项，打开"设备管理器"窗口，
查看设备的状态，单击设备左
边的箭头可展开设备现在的驱
动程序。如有带黄色问号图标
的设备，则说明驱动程序没有
安装的设备

安装完操作系统之后，要想让硬件设备正常工作，就应该设置各硬件的驱动程序。驱动程序是一段能让电脑与各种硬件设备"通话"的程序代码，操作系统通过驱动程序控制电脑上的硬件设备。驱动程序是硬件和操作系统之间的一座桥梁，由它把硬件本身的功能告诉给操作系统，同时也将标准的操作系统指令转化成特殊的外设专用命令，从而保证硬件设备正常工作。

11.1　知识储备

11.1.1　硬件驱动程序基本知识

■ 问答 1：如何查看设备驱动程序是否安装？

为了提高安装操作系统的效率，Windows 操作系统中包含了大量设备的驱动程序，在安装操作系统时，Windows 会自动装好有驱动程序的设备。但总有些新设备的驱动程序不在操作系统中，也就不会自动装上，因此在装完系统后，有必要先检查设备的驱动程序是否已安装。查看设备驱动程序是否装的方法如图 11-1 所示。

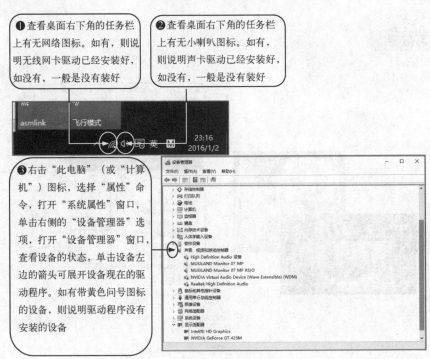

❶ 查看桌面右下角的任务栏上有无网络图标。如有，则说明无线网卡驱动已经安装好，如没有，一般是没有装好

❷ 查看桌面右下角的任务栏上有无小喇叭图标。如有，则说明声卡驱动已经安装好，如没有，一般是没有装好

❸ 右击"此电脑"（或"计算机"）图标，选择"属性"命令，打开"系统属性"窗口，单击右侧的"设备管理器"选项，打开"设备管理器"窗口，查看设备的状态，单击设备左边的箭头可展开设备现在的驱动程序。如有带黄色问号图标的设备，则说明驱动程序没有安装的设备

图 11-1　查看设备驱动是否装好

■ 问答 2：需要安装哪些驱动程序？

通常，需要安装的驱动程序主要有如下几个。

（1）主板芯片组（Chipset）驱动程序。

（2）显卡（Video）驱动程序。

（3）声卡（Audio）驱动程序。

（4）网卡及蓝牙模块驱动程序。

（5）键盘和触摸板驱动程序。

（6）读卡器驱动程序。

在安装系统时，Windows 操作系统会将自带的设备驱动程序自动装好，有些设备的驱动程序需要用户手动安装。

■ 问答 3：是否要按一定顺序安装驱动程序？

驱动程序的安装顺序非常重要，如果不按顺序安装，有可能会造成频繁地非法操作、部分硬件不能被 Windows 系统识别或出现资源冲突甚至出现黑屏死机等现象。

驱动程序的安装顺序为先安装笔记本电脑主板的驱动程序，然后依次安装显卡、声卡、网卡、读卡器等驱动程序，这样就能让各硬件发挥最优的效果。

11.1.2　获得硬件驱动程序

■ 问答 1：从哪里可以获得硬件的驱动程序？

一般，购买笔记本电脑硬件设备时，包装盒内带会有驱动程序安装光盘。图 11-2 所示为某品牌显卡的外包装和显卡驱动程序安装界面。另外，也可以从网上下载硬件的驱动程序。

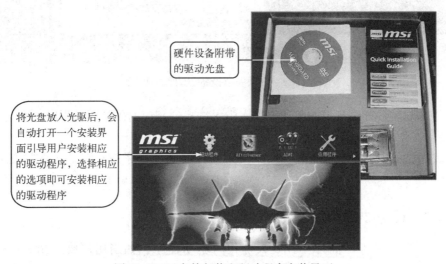

硬件设备附带的驱动光盘

将光盘放入光驱后，会自动打开一个安装界面引导用户安装相应的驱动程序，选择相应的选项即可安装相应的驱动程序

图 11-2　显卡外包装和驱动程序安装界面

■ 问答 2：如何从网上下载驱动程序？

通过网络一般可以找到绝大部分硬件设备的驱动程序，获取资源也非常方便。可以通过以下几种网站获得驱动程序。

1. 访问笔记本电脑硬件厂商的官方网站

一般，笔记本电脑厂商网站的服务页面都会提供其所有硬件的驱动程序及常用软件，用户根据笔记本电脑的型号查找并下载即可。

2. 访问专业的驱动程序下载网站

用户也可以到一些专业的驱动程序下载网站下载驱动程序，如驱动之家网站的网址为 http//www. mydrivers. com/。在这些网站中，用户可以找到大部分笔记本电脑的驱动程序。

 专家提示

下载时须注意驱动程序支持的操作系统类型和硬件的型号，硬件的型号可从产品说明书中获知，也可以利用 Everest 等软件测试得到。

11.2 实战：笔记本电脑硬件驱动安装及设置

笔记本电脑硬件驱动程序的安装方法有多种，用户可以通过手动安装，也可以让笔记本电脑自己安装，还可以通过网络安装。

11.2.1 任务1：通过网络自动安装驱动程序

如果 Windows 系统驱动程序库中有符合型号的硬件驱动程序，在不需要用户干涉的前提下，电脑会自动安装正确的驱动程序。如图 11-3 所示，系统提示正在安装设备驱动程序。

图 11-3　自动安装设备驱动程序提示

如果 Windows 系统在自带的驱动程序库中无法找到相应的硬件驱动程序，则会自动弹出"发现新硬件"对话框，提示用户安装硬件驱动程序。

在安装的过程中，系统会首先从网络搜索硬件的驱动程序并安装，安装方法如图 11-4 所示。

11.2.2 任务2：手动安装并设置驱动程序

目前绝大多数硬件厂商都会开发人性化的驱动程序，如当用户放入光盘后，自动弹出漂亮的多媒体安装界面，用户只要在界面中单击相应的按钮即可进入驱动程序安装向导。

但有一些小厂的硬件可能采用公版驱动程序，这类驱动程序没有安装文件，只提供 INF 格式的驱动文件。这类驱动程序需要手动安装。

手动安装驱动程序的方法如图 11-5 所示（以 Windows 10 系统为例）。

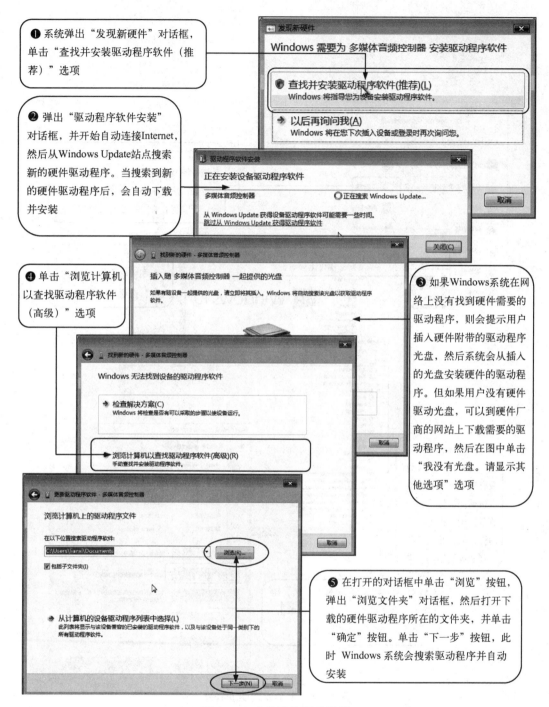

❶ 系统弹出"发现新硬件"对话框，单击"查找并安装驱动程序软件（推荐）"选项

❷ 弹出"驱动程序软件安装"对话框，并开始自动连接Internet，然后从Windows Update站点搜索新的硬件驱动程序。当搜索到新的硬件驱动程序后，会自动下载并安装

❹ 单击"浏览计算机以查找驱动程序软件（高级）"选项

❸ 如果Windows系统在网络上没有找到硬件需要的驱动程序，则会提示用户插入硬件附带的驱动程序光盘，然后系统会从插入的光盘安装硬件的驱动程序。但如果用户没有硬件驱动光盘，可以到硬件厂商的网站上下载需要的驱动程序，然后在图中单击"我没有光盘。请显示其他选项"选项

❺ 在打开的对话框中单击"浏览"按钮，弹出"浏览文件夹"对话框，然后打开下载的硬件驱动程序所在的文件夹，并单击"确定"按钮。单击"下一步"按钮，此时 Windows 系统会搜索驱动程序并自动安装

图 11-4　自动安装驱动程序

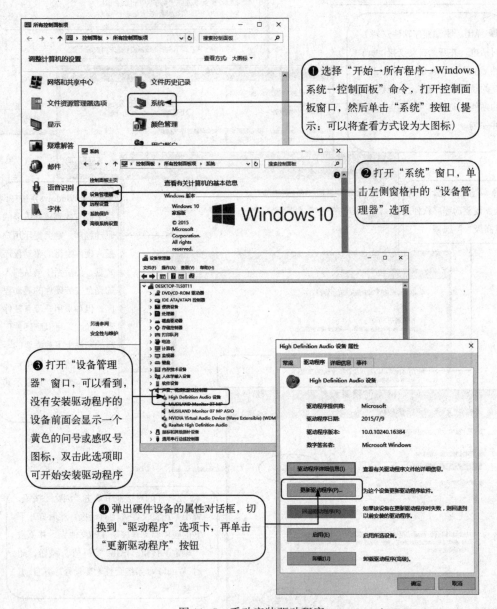

图 11-5　手动安装驱动程序

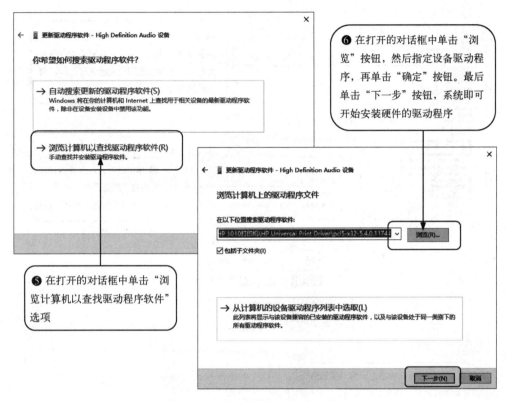

图 11-5 手动安装驱动程序（续）

11. 2. 3 任务 3：让笔记本电脑自动更新驱动程序

为了使硬件设备支持更多的功能，或为了解决硬件驱动程序的漏洞，笔记本电脑厂商会不断更新硬件设备的驱动程序。同时，微软公司的网站也会不断提供各个设备的新版本驱动程序，用户可以选择系统自动更新设备驱动程序。

自动更新硬件驱动程序的方法如图 11-6 所示（以 Windows 10 系统为例）。

11. 2. 4 任务 4：安装笔记本电脑主板驱动程序

下面以在 Windows 8 系统中安装主板驱动程序为例，讲解 Windows 8/10 系统中硬件设备驱动程序的安装方法（Windows 10 系统的安装方法相同）。

在 Windows 8 系统中安装驱动程序的具体方法如图 11-7 所示（以方正品牌笔记本电脑为例）。

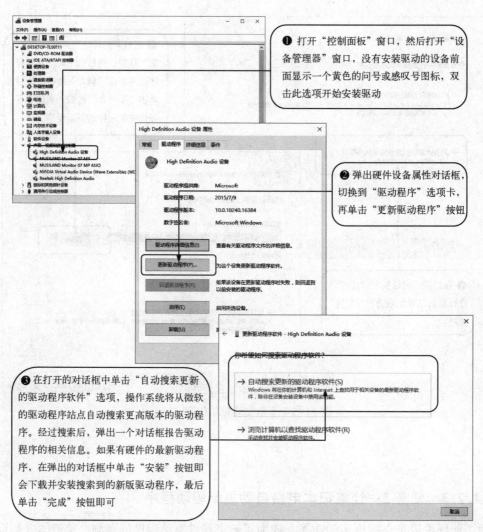

❶ 打开"控制面板"窗口，然后打开"设备管理器"窗口，没有安装驱动的设备前面显示一个黄色的问号或感叹号图标，双击此选项开始安装驱动

❷ 弹出硬件设备属性对话框，切换到"驱动程序"选项卡，再单击"更新驱动程序"按钮

❸ 在打开的对话框中单击"自动搜索更新的驱动程序软件"选项，操作系统将从微软的驱动程序站点自动搜索更高版本的驱动程序。经过搜索后，弹出一个对话框报告驱动程序的相关信息。如果有硬件的最新驱动程序，在弹出的对话框中单击"安装"按钮即会下载并安装搜索到的新版驱动程序，最后单击"完成"按钮即可

图 11-6　自动更新驱动程序

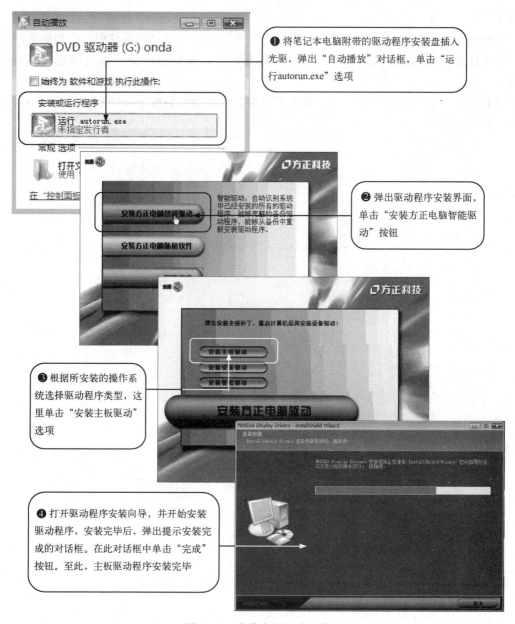

① 将笔记本电脑附带的驱动程序安装盘插入光驱，弹出"自动播放"对话框，单击"运行autorun.exe"选项

② 弹出驱动程序安装界面，单击"安装方正电脑智能驱动"按钮

③ 根据所安装的操作系统选择驱动程序类型，这里单击"安装主板驱动"选项

④ 打开驱动程序安装向导，并开始安装驱动程序，安装完毕后，弹出提示安装完成的对话框。在此对话框中单击"完成"按钮。至此，主板驱动程序安装完毕

图 11-7 安装主板驱动程序

11.3 高手经验总结

经验一：越是新的设备，Windows 中附带它的驱动程序的概率越小，所以最好提前准备好驱动程序。

经验二：在对故障电脑重新安装系统时，最好先查看一下硬件设备的驱动程序，再进行安装系统，这样可以在安装驱动程序时做到心中有数。

经验三：在装完操作系统后，最好先把网卡的驱动程序装好，这样可以联网下载其他硬

件设备的驱动程序。

经验四：在电脑硬件出现驱动程序故障时，可以通过将驱动程序禁用再启用的方法来解决。如果还是无法排除故障，就将驱动程序重新安装一遍即可解决（系统问题造成的故障除外）。

经验五：安装硬件驱动程序时，虽然不严格要求必须先装哪个硬件驱动程序，但最好是先装主板驱动程序。

第 12 章

笔记本电脑日常维护保养

学习目标

1. 掌握笔记本电脑整机维护保养方法
2. 掌握笔记本电脑外壳维护保养方法
3. 掌握液晶屏维护保养方法
4. 掌握键盘和触摸板维护保养方法
5. 掌握硬盘维护保养方法
6. 掌握电池维护保养方法

学习效果

12.1 实战：笔记本电脑整机维护保养

由于笔记本电脑要适应不同的工作环境，比如在户外工作时可能会遇到一定的碰撞，也可能会遭遇雨雪等恶劣天气，而笔记本电脑又是比较精密的电子产品，因此在笔记本电脑的日常使用中要进行适当的维护和保养。

1. 避免撞击和挤压

首先，不要在笔记本电脑包的主机包内放置钥匙、螺丝刀等尖锐物件，电池和其他物品也要单独放置在电脑包内的小袋中，防止划伤笔记本电脑表面；其次，在携带过程中要避免笔记本电脑在颠簸的车船上使用，使用时需要把笔记本电脑放到平稳的地方。

2. 注意保持干燥清洁的环境

很多用户经常在使用笔记本电脑时喝饮料，这时候就要小心了，不要轻易让电脑受到液体的侵袭，因为这些都是笔记本电脑的大敌，有可能损毁笔记本电脑的硬件系统。

3. 注意放置环境

不要将笔记本电脑靠近强磁场，如放置在电冰箱或电视机旁；不要将笔记本电脑放置在温度过高或者过低的环境中，以免影响笔记本电脑的性能和使用寿命，正常工作环境一般为5～35℃。

4. 禁止自行拆卸笔记本电脑

不管会不会修理笔记本电脑，如果用户自行拆卸笔记本电脑，都将会失去厂家保修资格，厂家将不再保修。

5. 注意笔记本电脑散热

笔记本电脑尽量不要在潮湿闷热、不通风的环境中使用；在使用笔记本电脑时注意不要堵住散热孔，在散热孔周围15 cm范围内不要有物体遮挡；在夏天可以利用一些工具来降温，比如笔记本电脑专用的散热底座、散热卡以及散热水袋，都能起到很好的降温作用。

6. 注意进水后的处理方式

笔记本电脑需要一个良好的工作环境，如果很不幸笔记本电脑进了水，就要马上关机，拔掉电源，取出外部模块（网卡、光驱、电池等），然后用干布将电脑上的水轻轻擦掉，用电吹风将电脑吹干后，立即送到专业维修站进行处理。在这个过程中不能再开机，否则可能会发生短路，烧坏电脑。

12.2 实战：笔记本电脑外壳维护保养

笔记本电脑需要经常携带外出，因此要选择一个好的电脑包，电脑包起到一定的防震作用，还可以避免笔记本电脑外壳磨损。电脑包要求结实耐用、耐划伤、防尘防静电等，最好是专用背包。此外，不要把电脑包当手袋用，附带太多的杂物会使电脑包的背带因负载过重而断裂。图12-1所示为笔记本电脑防震包。

在使用笔记本电脑时，不要将电脑放在坚硬粗糙的地方，以免划伤机壳，影响美观。还要避免笔记本电脑沾染油污，平时注意清洁电脑的外壳和键盘。另外，用户可以给笔记本电脑的外壳贴一层外壳保护膜。图12-2所示为笔记本电脑的外壳保护膜。

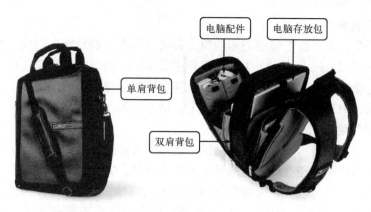

图 12-1　笔记本电脑防震包

在笔记本电脑断电后，可以使用不掉绒的软布或者纸巾蘸一点清水擦除污渍。注意纸巾或者软布不能是掉绒的，并且应尽量把水挤干净。对于顽固污渍，可以使用一些专用的清洁剂擦拭。清洁剂的选择很重要，不能使用有腐蚀性的有机溶剂（如苯）来擦洗外壳，以防止电脑表面被腐蚀。图 12-3 所示为专业的清洁套装产品。

图 12-2　笔记本电脑的外壳保护膜

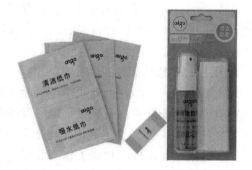

图 12-3　专业的清洁套装产品

12.3　实战：笔记本电脑液晶显示屏维护保养

笔记本电脑中最贵重的部件应该是液晶显示屏（Liquid Crystal Display，LCD）。液晶显示屏具有"低功耗，无辐射"等诸多优点，但是它的物理特性使其成为笔记本电脑中最"娇贵"的部分。

液晶显示屏的结构比较复杂，主要由垂直线性偏光器、玻璃薄片、透明 X 电极、校准层、液态晶体流、校准层、透明 Y 电极、玻璃薄片及水平线性偏光器等组成。液晶显示屏的这些组成材料一般都非常脆弱且极易破损，因此在使用和携带笔记本电脑的过程中，要避免液晶屏受到不必要的划伤、挤压和碰撞，它的好坏直接影响了用户的使用体验。

12.3.1　液晶显示屏的使用注意事项

由于液晶显示屏比较脆弱且极易破损，如果使用不当，很可能会缩短它的使用寿命。使用液晶显示屏时需要注意以下几点。

1. 正确的开合操作

由于追求轻薄，大多数电脑笔记本的顶盖和机身的连接轴是塑料材质，如果开合笔记本电脑时用力不均或用力过大，久而久之，容易造成连接轴断裂甚至脱离。液晶屏的显示及供电排线是通过连接轴内的通道连入主机的，连接轴断裂很可能也会伤及排线。正确的开合方法是在顶盖前缘正中开合，并且注意用力均匀，动作轻柔。

2. 保持干燥恒温的工作环境

笔记本电脑的液晶显示屏对湿度很敏感，在湿度大的地方，液晶显示屏的显示会变得非常模糊，较严重的情况下还会损害液晶显示屏的元器件，尤其是给在湿度较大的环境中放置时间较长的液晶显示屏通电时，可能会导致液晶电极腐蚀，造成永久性的损害。一般说来，温度变化至少不要大于10℃/10 min，如果在开机前发现屏幕表面有雾气，最好用软布轻轻擦掉后再使用。

另外，注意室内外温差较大时从屋外进屋内后需要等待几分钟，让电脑适应了新的温度后再开机。如果是在南方的梅雨季节，即使不使用笔记本电脑，也要定期让电脑运行一段时间，以便加热元器件驱散潮气，而且最好在笔记本电脑包里放上一小包防潮剂。

3. 避免强光直接照射液晶显示屏

在强光照射下，液晶显示器温度会升高，加快老化，造成显示屏发黄，变暗。使用时应把笔记本电脑放在日光照射较弱的地方，或者在日光较强的屋子里挂上深色的窗帘，减小光照强度，同时避免电脑温度升高。

4. 使用时注意时间和显示亮度

笔记本电脑的液晶显示屏的使用寿命一般标称是6~10年，达到标称时间后，液晶显示屏的亮度就会降低许多。液晶显示屏的像素是由许多液晶体构筑的，过长时间的连续使用会使晶体老化或烧坏，这就是笔记本电脑用久了屏幕会发黄的原因。因此，在日常使用过程中，不要让液晶显示屏长时间工作，并尽可能调低显示亮度；在电源管理中设置较短的屏幕关闭时间来减少灯管的损耗，还可以设置通过快捷键关闭屏幕背光。

5. 避免长时间显示同一个画面

如果液晶显示屏长时间显示同一个画面，会使局部的像素点显示时间过长，继而发热，最终对屏幕造成损坏。另外，最好不要使用屏幕保护程序，这样还可以节省电量。

6. 避免划伤液晶显示屏

液晶显示屏抗撞击的能力很小，请勿用手指甲及尖锐的物品碰触液晶显示屏表面，以免刮伤显示屏，避免造成永久性的不可恢复的损伤。

🔲🔲 12.3.2 液晶显示屏的保养方法

液晶显示屏的保养方法主要包括如下几种。

1. 使用液晶显示屏保护膜

为了保护液晶显示屏，建议使用笔记本电脑专用的液晶显示屏保护膜，既可以保护眼睛，在一定程度上还可以保护液晶显示屏。图12-4所示为笔记本电脑液晶显示屏保护膜。

2. 定期清洁液晶显示屏

在清洁液晶显示屏时，先关闭电源，并取下电源线插头，把笔记本电脑放在光线较好的场所。使用高压吹气球先吹掉液晶显示屏表面的灰尘，然后使用不掉毛的软布轻轻擦去液晶显示屏上的污垢，必要时可以用软布蘸点清水，拧干后对液晶显示屏进行清洁。擦拭时建议从显示屏一侧擦到另一侧，直到全部擦拭干净为止。不要使用含有酒精或丙酮的清洁液清洁液晶显示屏，可以使用液晶显示屏专用的清洁剂配合软布进行清洁。

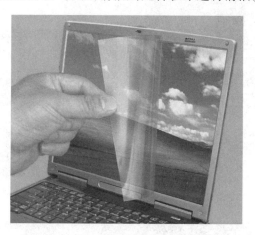

图 12-4　笔记本电脑液晶显示屏保护膜

3. 不可擅自拆卸液晶显示屏后盖

在液晶显示器内部会产生很高的电压，背光照明元器件中的 CFL 交流器在关机很长时间后，依然可能带有高达 1000 V 的电压，这对于人体的抗电性而言是个危险值，因此液晶显示屏需要修理时应找专业维修站进行维修。

12.4　实战：笔记本电脑鼠标、触摸板的维护保养

笔记本电脑的鼠标基本形式经历了轨迹球、指点杆和触摸板三个时代，功能与标准鼠标功能是一致的。

1. 轨迹球

轨迹球鼠标的工作原理与机械式鼠标相同，内部结构也类似。不同的是，轨迹球工作时球在上面，直接用手拨动，球座固定不动。轨迹球体积显得较大，也比较重，还容易磨损和进灰尘，并且定位精度一般，现在基本被淘汰了。图 12-5 所示为轨迹球鼠标。

2. 指点杆

指点杆（TrackPoint）是由 IBM 公司发明的，它有一个小按钮位于键盘的 G、B、H 三键之间，在空白键下方还有两个大按钮，小按钮能够感应手指推力的大小和方向，并由此来控制鼠标指针的移动轨迹，两个大按钮相当于标准鼠标的左右键。指点杆的优点是移动速度快，定位精确，环境适应性强。图 12-6 所示为指点杆鼠标。

3. 触摸板

触摸板（Touchpad）是目前使用得最广泛的笔记本电脑式鼠标。触摸板由一块能够感应手指运行轨迹的压感板和两个按钮组成，两个按钮相当于标准鼠标的左右键。第三代的触摸板已经把功能扩展为手写板，可直接手写汉字输入；有些触摸板整合了液晶屏，把液晶屏应

用到触摸板上，模仿 3D 鼠标模式，在触摸屏上设计了滚屏区，提高了用户的工作效率。图 12-7 所示为笔记本电脑的触摸板。

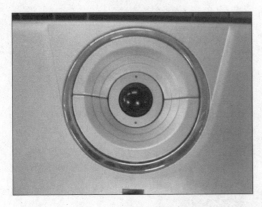

图 12-5　轨迹球鼠标

图 12-6　指点杆鼠标

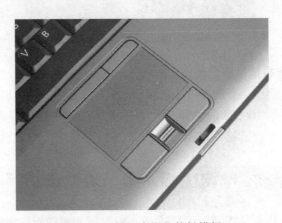

图 12-7　笔记本电脑的触摸板

触摸板的优点是反应灵敏，没有机械磨损，控制精度也不错；缺点是当使用电脑时间较长，手指出汗时，会出现打滑现象，并且触摸板对环境要求较高，不适合在潮湿、多灰的环境下工作。

12.4.1　笔记本电脑键盘与触摸板的维护方法

笔记本电脑的键盘和鼠标都是经常使用的部件，日常需要注意对键盘和鼠标的维护。

（1）平时使用时，对键盘、轨迹球、指点杆和触摸板不可以用力过猛，避免机械部件受损。

（2）不要使用尖锐物体在触摸板上书写，以免划伤触摸板；请勿将重物压在触摸板或其他按键上。

（3）尽量不要在使用笔记本电脑时吃东西、吸烟或者喝水，保持键盘的干净。

（4）使用键盘、轨迹球、指点杆和触摸板时，应养成良好习惯，保持双手清洁，防止油污、汗液粘上。如果手指不干净，请勿触碰触摸板。

12. 4. 2　笔记本电脑键盘与鼠标的保养方法

笔记本电脑键盘底座和各按键之间有较大的空隙，鼠标各组成部分边缘也会有缝隙，灰尘容易侵入，因此定期对键盘和鼠标进行清洁是十分必要的。笔记本的电脑键盘和鼠标的保养方法如下。

（1）为了保持键盘的卫生，可以购买一块键盘软垫覆盖在键盘的上面，既可防尘防水，还耐磨。图 12-8 所示为键盘保护膜。

图 12-8　键盘保护膜

（2）键盘、鼠标的缝隙中累积灰尘后，可用小毛刷清洁，或者使用高压吹气球将灰尘吹出。另外，用掌上型吸尘器，也可以清洁键盘上的灰尘和碎屑。

（3）清洁键盘和鼠标表面时，可以用软布蘸上少许清水或中性清洁剂，在关机的情况下轻轻擦拭。

（4）指点杆鼠标上面都有一个橡胶套，如果橡胶套脏了，可以拆下来清洗，如果橡胶套实在不能用，可以买一个新的换上。

12. 5　实战：笔记本电脑硬盘维护保养

硬盘属于机械式配件，使用时发热量较高，因此日常保养与维护的意义非常大。正确的使用与维护不但可以延长硬盘的使用时间，更能免除数据丢失带来的烦恼和损失。硬盘内部的核心部分包括盘体、主轴电机、读写磁头、寻道电机等。图 12-9 所示为笔记本电脑的硬盘。

笔记本电脑硬盘的数据接口和电源接口

图 12-9　笔记本电脑硬盘

在使用笔记本电脑时需要注意以下几点。

1. 使用时尽量避免震动

开关机时，不要移动笔记本电脑，等硬盘完全停止工作后再移动；笔记本电脑用户要尽量避免在汽车、火车、轮船上使用电脑，在硬盘长时间读写数据时最好把笔记本电脑放在平稳的桌面上；如果硬盘在读写时受到较强烈的震动，就可能会出现读写异常甚至造成盘片或磁头的物理损伤。

2. 硬盘读写数据时切勿断电

硬盘在读写数据时，不但不能挪动，而且不能断电。突然断电操作对硬盘来说是很危险的，因为突然断电很容易造成硬盘物理性损伤，所以用户一定要注意尽量避免在硬盘读写数据时突然断电，而且要按正常顺序关闭计算机。

3. 避免高温、长时间连续工作

硬盘的发热量很高，用户一定要避免长时间连续使用笔记本电脑，尽量不要连续使用 8 小时以上；不要把笔记本电脑放在被子、腿上使用，以免堵住通风孔，尽可能让硬盘工作在常温状态下。

4. 尽量不要同时启动多个复制任务

尽量不要同时启动多个读写硬盘任务，可以一次选择多个文件进行复制或等待前面一个任务完成后再进行下一个；不要轻易对硬盘进行低级格式化操作，过于频繁地进行这种操作有可能对硬盘造成损坏。

5. 定期进行磁盘碎片整理

定期整理硬盘碎片可以提高运行速度，如果碎片积累过多，不但访问效率下降，还可能损坏磁道；但经常整理硬盘也是不必要的。

6. 不要随意打开硬盘的外壳

因为硬盘的内部盘面不能沾染灰尘，必要情况下，要在无尘环境中拆卸硬盘否则硬盘寿命也会大大缩短，甚至会使整块硬盘报废。

12.6　实战：笔记本电脑电池维护保养

现在的笔记本电脑采用的都是锂离子电池，锂离子电池记忆效应很微弱。很多锂电池生产厂家在电池下线前已经做过电池的激活和校准，但是产品也可能在库房放置了很长时间。用户使用前，为了能让新电池保持更好的工作状态，对锂电池的激活和校准工作还是有必要进行的。图 12-10 所示为笔记本电脑的锂离子电池。

一般情况下，锂电池的充放电次数是固定的，一般只有 300~500 次，最多也不会超过 800 次。现在很多笔记本电脑厂商都考虑到电池的易损性，因而增强了对电池的保护，锂电池在不满足条件时是不会充放电的，并不是使用一次笔记本电脑电池就充放电一次。关于正确使用锂离子电池需要注意以下几点。

（1）建议尽量使用外接电源，当然如果您对自己的电池没有把握，也可以把电池取下来再使用外接电源。

（2）如果电池的使用频率较高，那么应该将电池放电到电量较低（电量为 10%~15%）后再充电，可以起到电池电力校正的效果。但如果放电到笔记本电脑开不了机（电量为

0%~1%），就属于对锂电池有较大损伤的深度放电。一般来说，只要每 3 个月进行一次这样的电池电力校正就可以了。

图 12-10　笔记本电脑的锂离子电池

（3）室温 20~30℃为电池最适宜的工作和保存温度，温度过高或过低的操作环境都会降低电池的使用寿命。放光电长期保存会令电芯失去活性，充满电长期保存会带来安全隐患，最理想的保存方法是放电到剩余 40%电量左右保存。锂电池害怕潮湿和高温，因此应该放在阴凉干燥的地方保存，但温度不可以太低。

12.7　高手经验总结

经验一：和台式电脑比起来，笔记本电脑最大的特点是便携性，而就是因为可以随身携带才容易造成笔记本电脑的磕碰。由于笔记本电脑中的液晶显示屏和硬盘都是怕磕碰的部件，因此在移动笔记本电脑时，要尽量轻拿轻放，特别是在电脑正在运行时要特别小心，以免震动引起硬盘内部损伤。

经验二：笔记本电脑越来越轻薄，但追求轻薄的同时也牺牲了一些散热性能。因此在运行一些大的程序或游戏时，最好给笔记本电脑配一个散热底座，以保证笔记本电脑良好散热。

经验三：笔记本电脑的电池是易耗品，如果系统中有电池管理的功能，最好设置为最长电池寿命。

第**13**章

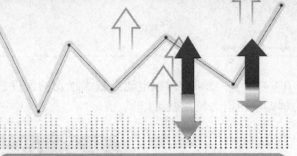

笔记本电脑系统故障修复

学习目标

1. 了解笔记本电脑系统故障的种类
2. 了解造成笔记本电脑系统故障的原因
3. 掌握修复笔记本 Windows 系统故障的方法

学习效果

命令提示符程序错误

iexplore 程序错误

系统文件运行错误

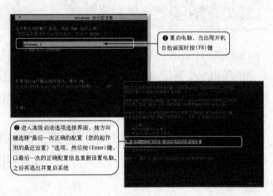

❶ 重启电脑,当出现开机自检画面时按〈F8〉键

❷ 进入高级启动选项选择界面,按方向键选择"最后一次正确的配置(您的起作用的最近设置)"选项,然后按〈Enter〉键,以最后一次的正确配置信息重新设置电脑,之后再退出并重启系统

　　没有人能保证自己的电脑一直不出现故障，电脑故障不知道什么时候就会出现。有时"昨天晚上还好好的，今天突然就开不了机了"，拿到电脑公里去修理，不仅花费不少，而且耽误时间。如果自己了解这些故障的原因，不但可以帮自己和朋友维修电脑，还能让电脑的使用寿命更长。

13.1　知识储备

13.1.1　笔记本电脑软件及系统故障种类

　　笔记本电脑软件及系统故障主要包括死机、自动重启、Windows 系统错误、应用程序错误、网络故障和安全故障。

■ 问答 1：什么是死机？

　　死机是令电脑用户颇为烦恼的事情，常常使劳动成果付之东流。死机时的表现多为蓝屏，无法启动系统、画面"定格"无反应、键盘无法输入、软件运行非正常中断及鼠标指针停止不动等。

■ 问答 2：什么是电脑蓝屏？

　　蓝屏是指由于某些原因，例如硬件冲突、硬件产生问题、注册表错误、虚拟内存不足、动态链接库文件丢失及资源耗尽等问题导致驱动程序或应用程序出现严重错误，波及内核层。在这种情况下，Windows 系统中止运行，并启动名为"KeBugCheck"的功能，通过检查所有中断的处理进程，同预设的停止代码和参数比较后，使屏幕变为蓝色，并显示相应的错误信息和故障提示。

　　出现蓝屏时，出错的程序只能非正常退出，有时即使退出该程序也会导致系统越来越不稳定，有时则在蓝屏后死机，而产生蓝屏的原因是多方面的，软、硬件的问题都有可能，排查起来非常麻烦，所以蓝屏故障人见人怕。图 13-1 所示为系统蓝屏故障时显示的画面。

```
A problem has been detected and windows has been shut down to prevent damage
to your computer.

IRQL_NOT_LESS_OR_EQUAL

If this is the first time you've seen this Stop error screen,
restart your computer. If this screen appears again, follow
these steps:

Check to make sure any new hardware or software is properly installed.
If this is a new installation, ask your hardware or software manufacturer
for any windows updates you might need.

If problems continue, disable or remove any newly installed hardware
or software. Disable BIOS memory options such as caching or shadowing.
If you need to use Safe Mode to remove or disable components, restart
your computer, press F8 to select Advanced Startup Options, and then
select Safe Mode.

Technical information:

*** STOP: 0x0000000A (0x00000016, 0x0000001C, 0x00000000, 0x80503F10)
```

图 13-1　蓝屏画面

问答 3：什么是自动重启故障？

自动重启是指在没有启动"重启"功能时，电脑自动重新启动了，之后反复重启的故障。出现自动重启故障后，用户就无法正常使用电脑了，需要找到重启故障的原因，修复故障。

问答 4：什么是 Windows 系统错误故障？

Windows 系统在使用过程中，人为操作失误或受到恶意程序破坏等都会造成 Windows 系统相关文件受损或注册信息错误，进而导致 Windows 系统错误。这时系统会弹出错误提示对话框，如图 13-2 所示。

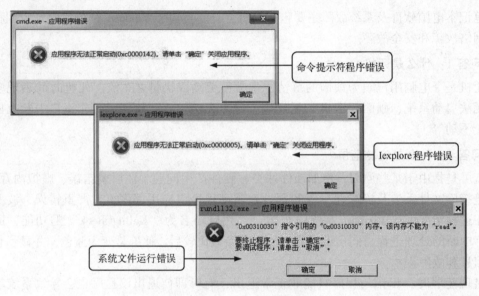

图 13-2　Windows 系统错误

系统错误会造成程序意外终止、数据丢失等不良影响，严重时还会造成系统崩溃。

在使用 Windows 系统时，不仅要保持良好的使用习惯，做好防范措施，还要掌握系统故障排除方法。

问答 5：什么是网络故障？

网络故障主要是指联网方面、上网方面、浏览器方面、路由器方面等与网络有关的各种故障，电脑网络故障要根据故障的具体情况来分析和排除。

13.1.2　笔记本电脑软件及系统故障分析

问答 1：笔记本电脑死机与蓝屏故障由哪些原因造成？

造成笔记本电脑死机与蓝屏故障的原因很多，总的来说，可以分为系统方面（如系统文件损坏或丢失、初始化文件遭破坏、感染病毒、动态链接库文件（.DLL）丢失、程序升级不当及启动程序太多等）、设备过热（如 CPU 过热、显卡过热）和硬件方面（如内存升级导致接触不良或不兼容、CPU 超频、硬盘有坏道、电源工作不良及 BIOS 设置不当等）三方面。

问答 2：笔记本电脑自动重启故障由哪些原因造成？

笔记本电脑自动重启故障的原因比较复杂，可能因为系统文件损坏，或者因为电脑电源供电问题，或者因为电脑 CPU 过热，或者因为笔记本电脑过热。一般先检查设备过热问题，再在 BIOS 中检查供电电压是否正常，然后检查系统问题。

问答 3：Windows 系统错误故障由哪些原因造成？

造成 Windows 系统错误的主要原因有使用盗版系统、安装过程不正确、误操作造成系统损坏、非法程序造成系统文件丢失等。

这些方面的问题都可以通过重新安装 Windows 系统来修复。

问答 4：应用程序错误故障由哪些原因造成？

造成应用程序错误的主要原因有版本与当前系统不兼容、版本与电脑设备不兼容、应用程序与其他程序冲突、缺少运行环境文件、应用程序自身存在错误等。

安装应用程序前，应先确认该程序是否适用于当前系统，比如适用于 Windows 7 的应用程序可能在 Windows 10 下无法运行；再确认应用程序是否正规软件公司制作，因为现在网上有很多个人或不正规软件公司设计的程序，自身可能存在很多缺陷，更严重的还会带有病毒和木马程序，这样的软件不但可能导致无法正常使用，而且很有可能造成系统瘫痪。

问答 5：网络故障和安全故障由哪些原因造成？

网络故障的原因有两个方面，即网络连接的硬件基础问题和网络设置问题。

造成安全问题的主要原因有隐私泄漏、感染病毒、黑客袭击、木马攻击等。

13.2　实战：修复笔记本电脑系统故障

操作系统故障一般是运行类故障。运行类故障指的是电脑正常启动后，在运行应用程序过程中出现错误，无法完成用户要求的任务。

运行类故障主要有内存不足故障、非法操作故障、电脑蓝屏故障和自动重启故障等。本节将介绍一些常用的诊断方法。

13.2.1　任务 1：用"安全模式"修复软件与系统故障

当系统频频出现故障的时候，最简单的排查办法是用安全模式启动电脑。在安全模式下，Windows 系统会使用默认的基本配置和最小功能启动系统。很多关于系统设置的问题都可以通过安全模式来排查和解决，如分辨率设置过高、将内存限制得过小，进入系统就重启、修复注册表等。

常用系统启动安全模式的方法如下所述。

1. Windows 7 系统

Windows 7 系统启动安全模式的方法如图 13-3 所示。

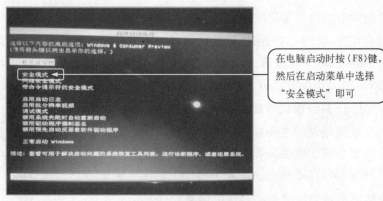

图 13-3 启动安全模式

2. Windows 8/10 系统

Windows 8/10 系统启动安全模式的方法如图 13-4 所示。

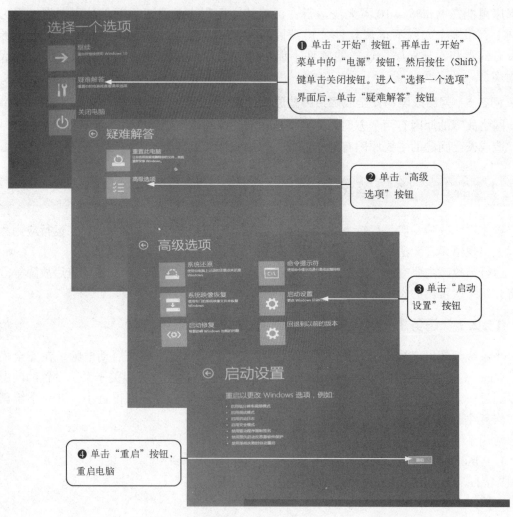

❶ 单击"开始"按钮，再单击"开始"菜单中的"电源"按钮，然后按住〈Shift〉键单击关闭按钮。进入"选择一个选项"界面后，单击"疑难解答"按钮

❷ 单击"高级选项"按钮

❸ 单击"启动设置"按钮

❹ 单击"重启"按钮，重启电脑

图 13-4 启动设置选项

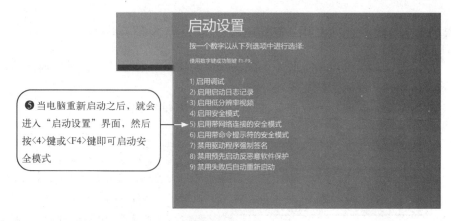

❺ 当电脑重新启动之后，就会进入"启动设置"界面，然后按<4>键或<F4>键即可启动安全模式

图 13-4　启动设置选项（续）

13.2.2　任务 2：用"最后一次正确的配置"修复软件与系统故障

当使用 Windows 系统的过程中发生严重错误导致系统无法正常运行时，可以使用"最后一次正确的配置"功能恢复配置信息。此功能对注册信息丢失、Windows 设置错误、驱动设置错误等引起的系统错误都有很好的修复效果，方便且实用。

使用"最后一次正确配置"的设置方法如图 13-5 所示。

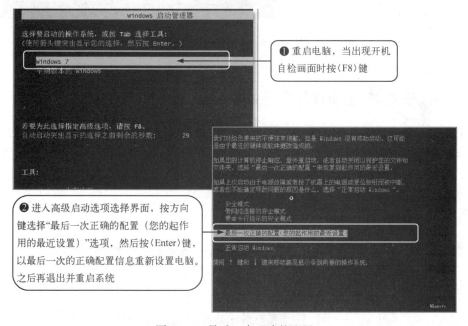

❶ 重启电脑，当出现开机自检画面时按<F8>键

❷ 进入高级启动选项选择界面，按方向键选择"最后一次正确的配置（您的起作用的最近设置）"选项，然后按<Enter>键，以最后一次的正确配置信息重新设置电脑。之后再退出并重启系统

图 13-5　最后一次正确的配置

以上方法对 Windows XP 为代表的 NT 核心 Windows 系统以及 Vista 核心的 Windows Vista 和 Windows 7/8/10 系统都具有较强的自我修复能力，在大多数系统发生错误的情况下都能使系统自我恢复并正常启动。

13.2.3 任务3：用 Windows 安装光盘恢复系统

如果 Windows 操作系统的系统文件被误删除或被病毒破坏，可以通过 Windows 安装光盘来修复损坏的文件从而恢复系统。

使用 Windows 安装光盘修复损坏文件的方法如图 13-6 所示。

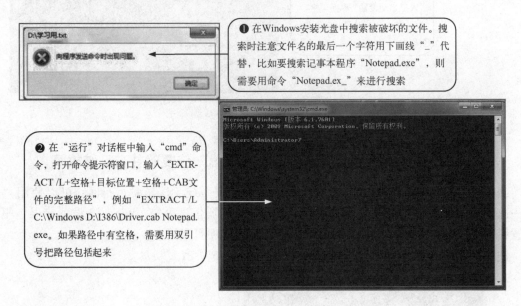

图 13-6　使用 Windows 安装光盘修复损坏文件

13.2.4 任务4：全面修复受损文件

如果丢失了较多的系统重要文件，系统就会变得非常不稳定，按照前面介绍的方法进行修复会非常麻烦。这时可以使用 SFC 文件检测器命令全面检测并修复受损的系统文件，修复方法如图 13-7 所示。

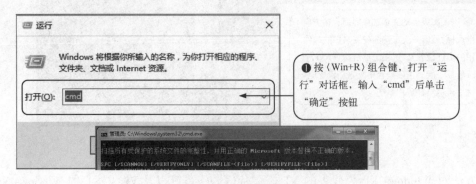

图 13-7　全面修复受损文件

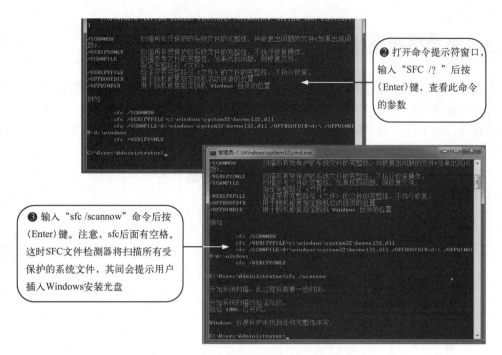

图 13-7　全面修复受损文件（续）

大约 10 分钟后，SFC 就将会全面检测并修复好受保护的系统文件。

13.2.5　任务 5：修复硬盘逻辑坏道

磁盘出现坏道会导致硬盘上的数据丢失，这是用户不愿意看到的。硬盘坏道分为物理坏道和逻辑坏道，物理坏道无法修复，但可以屏蔽一部分；逻辑坏道可以通过重新分区格式操作化来修复。

使用 Windows 安装光盘中所带的分区格式化工具对硬盘进行重新分区，不但可以修复磁盘的逻辑坏道，还可以自动屏蔽一些物理坏道，如图 13-8 所示。注意，分区之前一定要做好备份工作。

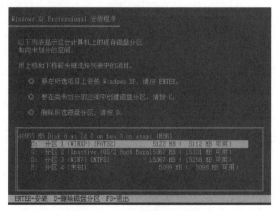

图 13-8　对硬盘重新分区

13.3 高手经验总结

经验一：相比于硬件故障，软件故障更容易解决，如果找不到软件故障的原因，则可通过重新安装软件或系统来解决（硬件问题造成的软件故障除外）。

经验二：安全模式是排除 Windows 系统故障的非常好用的工具，它可以修复大部分系统故障。

经验三：CPU 过热和系统文件损坏是死机故障的最常见原因，因此遇到死机故障时，要注意检查电脑散热方面的问题和系统是否正常。

第**14**章

笔记本电脑上网与组网故障维修实战

学习目标

1. 掌握上网方面的故障诊断方法
2. 掌握路由器方面的故障诊断方法
3. 掌握局域网方面的故障诊断方法
4. 网络故障维修实战

学习效果

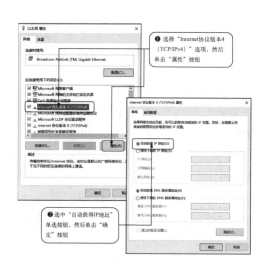

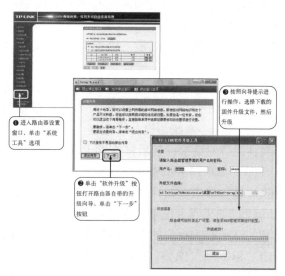

电脑上网已经成为人们生活中不可缺少的活动，组网时硬件连接复杂又多样，设置更是五花八门，任何环节出现错误都可能导致无法上网，本章将介绍如何解决影响上网的主要问题。

14.1　知识储备

上网方面的故障较多，有宽带上网故障、掉线故障、浏览器故障、路由器故障、局域网故障等很多种，每种故障的表现和诊断方法都不同。

14.1.1　上网故障诊断方法

问答 1：如何诊断 ADSL 宽带上网故障？

ADSL 宽带上网故障的诊断方法如下。

（1）检查电话线有无问题（可以通过拨打电话测试）。如果通话正常，接着检查信号分离器是否连接正常（其中，电话线接 Line 口，电话机接 Phone 口，ADSL Modem 接 Modem 口）。

（2）如果信号分离器连接正常，接着检查 ADSL Modem 的 Power（电源）指示灯是否亮。如果不亮，检查 ADSL Modem 电源开关是否打开、外置电源是否插接良好等。

（3）如果 Power 指示灯亮，检查 Link（同步）指示灯状态是否正常（常亮、闪烁）。如果不正常，检查 ADSL Modem 的各个连接线是否正常（从信号分离器连接到 ADSL Modem 的连线是否接在 Line 口，和网卡连接的网线是否接在 LAN 口，以及是否插好）。如果连接线不正常，重新接好连接线。

（4）如果连接线正常，检查 LAN（或 PC）指示灯状态是否正常。如果不正常，检查 ADSL Modem 上的 LAN 插口是否接好。接好后测试网线是否正常，如果不正常，更换网线；如果正常，将电脑和 ADSL Modem 关闭 30 s 后重新启动。

（5）如果故障依旧，打开"设备管理器"窗口（打开"控制面板"窗口后依次单击"系统和安全→系统→设备管理器"），双击"网络适配器"栏下的网卡型号，打开网络适配器属性设置对话框，然后检查网卡是否有冲突，如果网卡有冲突，调整网卡的中断值。

（6）如果网卡没有冲突，检查网卡是否正常（是否接触不良、老化、损坏等），可以用替换法进行检测。如果网卡不正常，维修或更换网卡。

（7）如果网卡正常，在"控制面板"窗口中单击"网络和共享中心"按钮，再在"网络和共享中心"窗口的左侧窗格中单击"更改适配器配置"选项，打开"网络连接"窗口，右击"以太网"图标，在弹出的快捷菜单中选择"属性"命令，打开"以太网 属性"对话框。接着单击"Internet 协议版本 4（TCP/IPv4）"选项，然后单击"属性"按钮，打开"Internet 协议版本 4（TCP/IPv4）属性"对话框，查看 IP 地址、子网掩码、DNS 的设置，这几项一般都设为自动获取，如图 14-1 所示。

（8）如果网络协议设置正常，则为其他方面故障。接着检查网络连接设置、浏览器、PPPoE 协议等方面是否存在故障，如果有故障逐一排除。

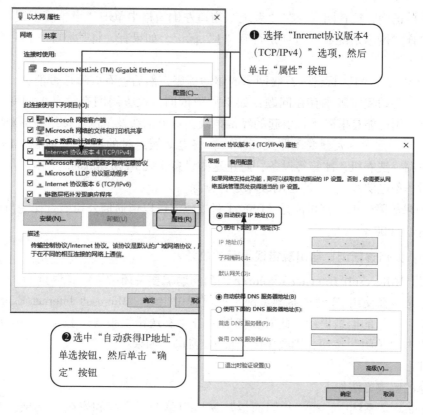

图 14-1　Internet 协议版本 4（TCP/IPv4）属性检查

问答 2：如何诊断上网经常掉线故障？

上网经常掉线故障是很多网络用户经常遇到的，此故障产生的原因比较复杂，总结起来主要有以下几点。

（1）Modem 或信号分离器的质量有问题。

（2）线路有问题，主要因为住宅距离局方机房较远（通常应小于 3000m），或线路附近有严重的干扰源（如变压器）。

（3）室内有较强的电磁干扰，如无绳电话、空调、冰箱等，有时会引起上网掉线。

（4）网卡的质量有问题，或者驱动程序与操作系统不兼容。

（5）PPPoE 协议安装不合理或软件兼容性不好。

（6）感染了病毒。

上网经常掉线故障的诊断方法如下。

（1）用杀毒软件查杀病毒，看电脑是否感染病毒。如果没有，安装系统安全补丁，再重新建立拨号连接，然后进行测试。如果故障排除，则是操作系统有漏洞及 PPPoE 协议安装缺陷引起的故障。

（2）如果故障依旧，检查 ADSL Modem 是否过热。如果过热，将 ADSL Modem 电源关闭，放置在通风的地方散热后再连接使用。

（3）如果 ADSL Modem 温度正常，检查 ADSL Modem 及分离器的各种连线是否连接正确。如果连接正确，检查网卡，在"系统"窗口左侧窗格中单击"设备管理器"，在打开的对话框中检查"网络适配器"选项是否有"！"标记。如果有，将其删除，然后重新安装网卡驱动程序。

（4）如果没有"！"标记，升级网卡的驱动程序，然后查看故障是否消失。如果故障消失，则是网卡驱动程序版本存在问题；如果故障依旧，检查周围有没有大型变压器或高压线。如果有，则可能是电磁干扰引起的经常掉线，对电话线及上网连接线做屏蔽处理即可。

（5）如果周围没有大型变压器或高压线，将电话线经过的地方和 ADSL Modem 远离无线电话、空调、洗衣机、冰箱等设备，防止这些设备干扰 ADSL Modem 工作（最好不要同上述设备共用一条电源线），接着检测故障是否排除。

（6）如果故障依旧，则可能是 ADSL 线路故障，可以请通信公司检查住宅与局方机房的距离是否超过 3000 m。

问答 3：如何诊断浏览器出现错误提示的故障？

1. 出现 "Microsoft Internet Explorer 遇到问题需要关闭……" 错误提示

此故障是指在使用 IE 浏览器浏览网页的过程中出现 "Microsoft Internet Explorer 遇到问题需要关闭……" 的信息提示，此时，如果单击"发送错误报告"按钮，则会创建错误报告；如果单击"关闭"按钮，则会关闭当前 IE 窗口；如果单击"不发送"按钮，则会关闭所有 IE 窗口。

此故障的解决方法如下。

在 Windows 7 系统中，在"控制面板"窗口中单击"系统和安全"选项，然后在"系统和安全"窗口中单击"操作中心"选项。在"操作中心"窗口中展开"维护"卷展栏，单击"设置"选项后，在"问题报告设置"窗口中选择"从不检查解决方案（不推荐）单选按钮，最后单击"确定"按钮。

2. 出现 "该程序执行了非法操作，即将关闭……" 错误提示

此故障是指在使用 IE 浏览器浏览一些网页时出现"该程序执行了非法操作，即将关闭……"错误提示。如果单击"确定"按钮，会又弹出一个对话框，提示"发生内部错误……"，继续单击"确定"按钮，所有打开的 IE 窗口都被关闭。

产生该错误的原因较多，主要为内存资源占用过多、IE 安全级别设置与浏览的网站不匹配、与其他软件发生冲突、浏览的网站本身含有错误代码等。此故障的解决方法有如下几种。

（1）关闭不用的 IE 浏览器窗口。如果正在运行需占用大量内存的程序，建议不要打开超过 5 个 IE 浏览器窗口。

（2）降低 IE 安全级别。在 IE 浏览器中选择"工具"→"Internet 选项"命令，在打开的对话框中切换到"安全"选项卡，单击"默认级别"按钮，拖动滑块降低默认的安全级别。

（3）将 IE 升级到最新版本。

3. 显示 "出现运行错误，是否纠正错误" 错误提示

此故障是指用 IE 浏览器浏览网页时显示"出现运行错误，是否纠正错误"错误提示，如果单击"否"按钮，可以继续浏览。

此故障原因可能是所浏览网站本身存在问题，也可能是 IE 浏览器对某些脚本不支持。此故障的解决方法如下。

首先启动 IE 浏览器，选择"工具"→"Internet 选项"命令，在打开的对话框中切换到"高级"选项卡，勾选"浏览"下的"禁用脚本调试（Internet Explorer）"复选框，最后单击"确定"按钮。

4. 上网时出现"非法操作"错误提示

此故障是指在上网时经常出现"非法操作"错误提示，一般只有关闭 IE 浏览器再重新打开才能消除此故障。

此故障的原因和解决方法如下所述。

（1）数据在传输过程中发生错误，当传过来的数据在内存中错误积累太多时便会影响正常浏览，只能重新调用数据或重启电脑才能解决。

（2）缓存溢出，需要清除硬盘缓存。

（3）浏览器版本太低，需要升级浏览器版本。

（4）硬件兼容性差，需要更换不兼容的部件。

问答 4：如何诊断浏览器无法正常浏览网页故障？

1. IE 浏览器无法打开新窗口

此故障是指在浏览网页的过程中，单击网页中的链接无法打开网页。此故障一般是由于 IE 新建窗口模块被破坏所致，解决方法如下。

选择"开始"→"运行"命令，打开"运行"对话框，依次运行"regsvr32 actxprxy.dll"和"regsvr32 shdocvw.dll"命令，将这两个 DLL 文件注册，然后重启系统。如果还不行，则用同样的方法注册 mshtml.dll、urlmon.dll、msjava.dll、browseui.dll、oleaut32.dll、shell32.dll 文件。

2. 联网状态下，浏览器无法打开某些网站

此故障是指上网后，在浏览某些网站时遇到不同的连接错误。这些错误一般是由于网站发生故障或者用户没有浏览权限。针对不同的连接错误，IE 会给出不同的错误提示，常见的提示信息如下。

（1）404 NOT FOUND

此提示信息是最常见的 IE 错误信息。一般是由于 IE 浏览器找不到所要求的网页文件，该文件可能根本不存在或者已经被转移到其他地方。

（2）403 FORBIDDEN

此提示信息常见于需要注册的网站。一般情况下可以通过即时注册来解决该问题，但有一些完全"封闭"的网站还是不能访问。

（3）500 SERVER ERROR

显示此提示信息是由于所访问的网页程序设计错误或者数据库错误，只能等对方纠正错误后才能浏览。

3. 浏览网页时，出现乱码

此故障是指上网时，在网页上经常出现乱码。造成此故障的原因主要如下所述。

（1）语言选择不当。比如浏览国外某些网站时，电脑可能一时不能自动转换内码而出现乱码。解决这种故障的方法是在 IE 浏览器中选择"查看"→"编码"命令，再选择要显示文字的语言。

（2）电脑缺少内码转换器。一般需要安装内码转换器才能解决这种问题。

14.1.2 家用路由器故障诊断方法

路由器是组建局域网必不可少的设备，无线路由器也越来越多地进入寻常家庭，这使得无线网卡、手机 WiFi、平板电脑等无线上网设备的使用越来越方便了。但是路由器的连接故障复杂多样，经常让新手用户觉得无从下手。其实只要掌握路由器的一些检测技巧，路由器的问题也就变得不那么复杂了。

问答 1：如何通过指示灯判断路由器状态？

判断路由器状态最好的办法就是参照指示灯的状态，每个路由器的面板指示灯不一样，出现故障时的显示状态也不一样，一般必须参照说明书进行判断。下面以一款 TP-Link 品牌路由器为例介绍指示灯状态代表的路由器状态，如图 14-2 和表 14-1 所示。

图 14-2　TL-WR841N 无线路由器指示灯

表 14-1　TL-WR841N 无线路由器指示灯的状态

指 示 灯	描　述	功　能
PWR	电源指示灯	常灭：没有上电； 常亮：上电
SYS	系统状态指示灯	常灭：系统故障； 常亮：系统初始化故障； 闪烁：系统正常
WLAN	无线状态指示灯	常灭：没有启用无线功能； 闪烁：启用无线功能
1/2/3/4	局域网状态指示灯	常灭：端口没有连接上； 常亮：端口已经正常连接； 闪烁：端口正在进行数据传输
WAN	广域网状态指示灯	常灭：外网端口没有连接上； 常亮：外网端口已经正常连接； 闪烁：外网端口正在进行数据传输
QSS	安全连接指示灯	绿色闪烁：正在进行安全连接； 绿色常亮：安全连接成功； 红色闪烁：安全连接失败

问答2：怎样明确路由器默认设定值？

检测和恢复路由器都需要有管理员级权限，只有能够管理路由器，才能检测和恢复路由器。路由器的默认管理员账号和密码都是 "admin"，一般在路由器的背面都有标注，如图 14-3 所示。

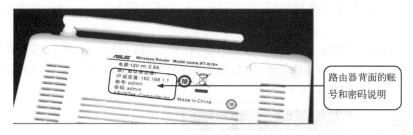

路由器背面的账号和密码说明

图 14-3 路由器背面的参数标注

从这里还可以看到路由器的 IP 地址默认设定值为 192.168.1.1。

问答3：如何恢复出厂设置？

如果更改了路由器的密码，又把密码忘记了，多次重启又使得路由器的配置文件损坏时，就需要使路由器恢复到出厂时的默认设置。

恢复出厂设置的方法很简单，在路由器上有一个标着 "RESET" 的小孔，如图 14-4 所示，这就是专门用来恢复出厂设置的。

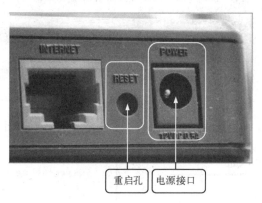

重启孔　电源接口

图 14-4 路由器上的 RESET 孔

每个路由器的恢复方法略有不同，有的是按住小孔内的按钮数秒，有的是关闭电源后按住孔内按钮持续数秒，再打开电源。这就要参照说明书进行操作了，如果不知道要按多长时间，那就尽量按住 30 秒以上，30 秒足以保证每种路由器都能恢复。

问答4：如何排除外界干扰？

有时无线路由器的无线连接会出现时断时续或者信号很弱的现象，这可能是无线信号受到其他家电产生的干扰，或者墙壁阻挡了无线信号造成的。

无论商家宣称路由器有多强的穿墙能力，墙壁对无线信号的阻挡都是不可避免的，如果需要在不同房间使用无线信号，最好将路由器放置在门口等没有墙壁阻挡的位置。还要尽量远离电视、冰箱等大型家电，减少家电周围的磁场对无线信号的影响。

问答 5：如何将路由器升级到最新版本？

路由器中也是通过软件运行的，升级旧版本的软件叫作固件升级，固件升级能够弥补路由器出厂时可能存在的不稳定因素。如果是知名品牌的路由器，可能不需要任何升级就可以稳定运行。是否升级固件取决于实际使用中的稳定性和有无漏洞。

要升级路由器，首先要在路由器的官方网站下载最新版本的路由器固件升级文件，具体方法如下。

在浏览器的地址栏中输入"http://192.168.1.1"后按〈Enter〉键，打开路由器设置窗口。在"系统工具"界面中单击"软件升级"按钮，将打开路由器自带的升级向导，然后进行后续设置即可，如图 14-5 所示。

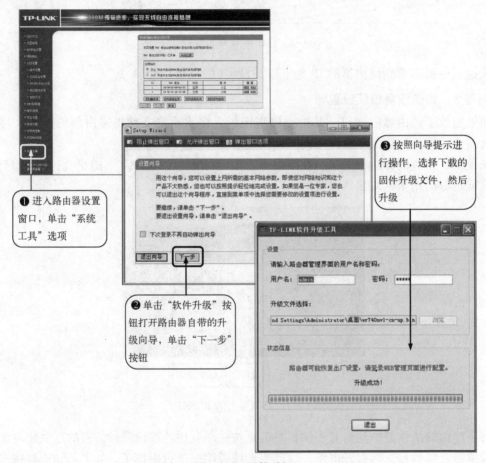

❶ 进入路由器设置窗口，单击"系统工具"选项

❷ 单击"软件升级"按钮打开路由器自带的升级向导，单击"下一步"按钮

❸ 按照向导提示进行操作，选择下载的固件升级文件，然后升级

图 14-5　固件升级

如果对升级过程有所了解，也可以不使用升级向导，而进行手动升级。

问答 6：如何设置 MAC 地址过滤？

如果连接没有问题，电脑却不能上网，这有可能是因为 MAC 地址过滤中的设置阻止了电脑上网。

MAC（Medium/Media Access Control）地址是存储在网卡中的一组 48 bit 的十六进制数字，可以简单地理解为网卡的标识符。MAC 地址过滤功能就是通过限制特定的 MAC 地址禁止网卡连接网络，或将网卡绑定一个固定的 IP 地址，图 14-6 所示。

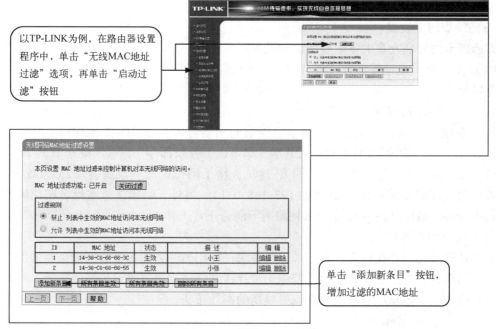

以TP-LINK为例，在路由器设置程序中，单击"无线MAC地址过滤"选项，再单击"启动过滤"按钮

单击"添加新条目"按钮，增加过滤的MAC地址

图 14-6　设置 MAC 地址

通过设置 MAC 地址过滤来阻止其他电脑通过路由器进行上网，这对无线路由器来说是个不错的应用。

问答 7：忘记路由器密码和 WiFi 密码了，该怎么办?

由于长时间未使用而忘记了登录密码，如果从未修改过登录密码，那么密码应该是"admin"。

如果修改过密码，并且忘记了修改后的密码，只能通过恢复出厂设置来将路由器恢复成为默认设置，再使用 admin 账户和密码进行修改。

忘记了 WiFi 密码就简单了，只要使用有线连接的电脑，打开路由器的设置页面，就可以看到 WiFi 密码，这个 WiFi 密码显示的是明码，并不是"******"，可以随时查看。

14.1.3　局域网故障诊断方法

目前，企事业单位和学校都会建立自己的内部局域网，这样既方便实现网络化办公，又使局域网中的所有电脑都可以通过局域网连接到 Internet，使每个用户都可以随时上网，还节省费用。局域网使用起来虽然方便，但同样会遇到各种网络问题，最常见的故障为网络不通。

局域网网络不通故障可能涉及网卡、网线、网络协议、网络设置、网络设备等方面，解决方法如下。

（1）检查网卡侧面的指示灯是否正常

网卡一般有两个指示灯，分别为连接指示灯和信号传输指示灯。正常情况下，连接指示灯一直亮着，而信号传输指示灯在信号传输时不停闪烁。如果连接指示灯不亮，应考虑存在连接故障，即网卡自身可能不正常，安装可能不正确，网线、集线器可能有故障等。

（2）判断网卡驱动程序是否正常

若在 Windows 系统下无法正常联网，打开"设备管理器"窗口，查看"网络适配器"

的设置。若网卡驱动程序选项左边标有黄色感叹号标记，则可以断定网卡驱动程序不能正常工作。

（3）检查网卡设置

普通网卡的安装光盘大多附有测试和设置网卡参数的程序，分别查看网卡设置的接口类型、IRQ、I/O 端口地址等参数，若有冲突，一般只要重新设置（有些必须调整跳线）就能使网络恢复正常。

（4）检查网络协议

在"本地连接 属性"对话框中查看已安装的网络协议，必须配置 NetBEUI 协议、TCP/IP 协议、Microsoft 网络的文件和打印机共享。如果以上各项都存在，重点检查 TCP/IP 设置是否正确，要确保每一台电脑都有唯一的 IP 地址，将子网掩码统一设置为"255.255.255.0"，网关要设为代理服务器的 IP 地址（如 192.168.0.1）。另外，必须注意主机名在局域网内也应该是唯一的。最后，用 ping 命令来检测网卡能否正常工作。

（5）检查网线故障

要确认网线是否存在故障，最好采用替换法，即用另一台能正常联网的机器的网线替换故障机器的网线。替换后重新启动，若能正常连接网络，则可以确定为网线故障。网线故障一般的解决方法是重新压紧网线接头或更换新的网线接头。

（6）检查 Hub 故障

若发现部分机器不能联网，则可能是 Hub（集线器）故障。一般先检查 Hub 是否已接通电源或 Hub 的网线接头连接是否正常，最后才采用替换法，即用正常的 Hub 替换原来的 Hub。若替换后机器能正常联网，则可以确定是 Hub 存在故障。

（7）检查网卡接触不良故障

若上述方法均无效，则检查网卡是否接触不良。网卡接触不良时，一般重新拔插一下网卡即可，若还不能解决，则把网卡插入另一个插槽。更换插槽后，网卡正常工作，则可确定是网卡接触不良引起的故障。

如果采用以上方法都无法解决网络故障，那么完全可以确定网卡已损坏，必须更换网卡才能正常联网。

14.2 实战：网络故障维修

14.2.1 笔记本电脑不能连接宽带上网

1. 故障现象

一台联想品牌笔记本电脑使用中国移动通信公司的光纤宽带上网，在无线路由器设置界面中查看其连接状态，显示无法连接，反复拨号仍然不能上网。

2. 故障诊断

拨号无法连接，可能是光纤 Modem 故障、线路故障、账号错误等原因造成的。

3. 故障处理

（1）重新在无线路由器的管理界面中输入账号密码，连接测试，无法连接。

（2）查看光纤 Modem，发现光纤 Modem 与无线路由器的连接网线插在了 Lan2 接口上，而上网网线必须连接在光纤 Modem 的 Lan1 接口上。

（3）重新将光纤 Modem 和无线路由器连接的网线插入 Lan1 口，进行测试，发现可以成功上网了，故障排除。

14.2.2　重装 Windows 10 系统后无法上网

1. 故障现象

一台笔记本电脑重装 Windows 10 系统后无法上网，宽带是小区统一安装的长城宽带。

2. 故障诊断

长城宽带不需要拨号，也没有 ADSL Modem，不能上网可能是线路有问题、网卡驱动程序有问题、网卡设置有问题或网卡损坏等。

3. 故障处理

（1）打开"系统"窗口，单击"设备管理器"选项，打开"设备管理器"窗口，查看网卡驱动，发现网卡上有黄色感叹号标记，这说明网卡驱动程序有问题。

（2）双击"网络适配器"选项下的网卡型号，在打开的对话框中查看是否有资源冲突，发现网卡与声卡有资源冲突。

（3）卸载网卡和声卡的驱动程序，重新扫描安装驱动程序并重启电脑。

（4）查看资源，资源冲突问题解决。

（5）打开浏览器，上网功能恢复了。

14.2.3　经常掉线并提示"限制性连接"

1. 故障现象

一台笔记本电脑使用 ADSL 上网时，右下角的网络连接图标处经常出现"限制性连接"提示，造成经常掉线，无法上网。

2. 故障诊断

造成限制性连接的原因主要有网卡驱动程序损坏、网卡损坏、ADSL Modem 故障、线路故障、电脑中毒。

3. 故障处理

（1）用杀毒软件对电脑进行杀毒，问题没有解决。

（2）检查线路连接，没有发现异常。

（3）检查网卡驱动，打开"系统"窗口，单击"设备管理器"选项，打开"设备管理器"窗口，查看网卡驱动，发现网卡上有黄色感叹号标记，这说明网卡驱动程序有问题。

（4）删除网卡驱动程序，然后单击"扫描"按钮，重新安装网卡驱动程序。

（5）连接上网，经过一段时间的观察，没有再发生掉线的情况。

14.2.4　打开网页时自动弹出广告

1. 故障现象

一台戴尔品牌笔记本电脑，最近不知道为什么只要打开网页就会自动弹出好几个广告，上网速度也很慢。

2. 故障诊断

自动弹出广告是电脑被流氓软件或病毒侵袭造成的。

3. 故障处理

安装 360 安全卫士和 360 杀毒软件，对电脑进行杀毒和插件清理，完成后，再打开网页，发现不再弹出广告了。

14.2.5　笔记本电脑掉线后必须重启才能恢复

1. 故障现象

一台宏碁品牌笔记本电脑，使用 ADSL 上网，最近经常掉线，掉线后必须重启电脑才能再连接上。

2. 故障诊断

造成无法上网的原因有很多，如网卡故障、网卡驱动程序有问题、线路有问题、ADSL Modem 有问题等。

3. 故障处理

（1）查看网卡驱动，没有发现异常。

（2）查看线路连接，没有发现异常。

（3）检查 ADSL Modem，发现 ADSL Modem 很热，推测可能是高温导致的网络连接断开。

（4）将 ADSL Modem 放在通风的地方，停置冷却，再将 ADSL Modem 放在容易散热的地方，重新连接电脑。

（5）经过一段时间的上网测试，没有再出现掉线的情况。判断是 ADSL Modem 散热不理想，高温导致频繁断网。

14.2.6　公司局域网上网慢

1. 故障现象

公司内部组建局域网，通过 ADSL Modem 和路由器共享上网。最近在公司上网速度变得非常慢，有时连网页都打不开。

2. 故障诊断

局域网上网速度慢，可能是局域网中有电脑感染病毒、路由器质量差、局域网中有人使用 BT 类软件等原因造成的。

3. 故障处理

（1）用杀毒软件查杀电脑病毒，没有发现异常。

（2）用管理员账号登录路由器设置页面，发现传输时丢包现象严重，延迟时间高达 800 ms。

（3）重启路由器，速度恢复正常，但没过多长时间又变得非常慢，推测可能是局域网中有人使用 BT 等严重占用资源的软件。

（4）设置路由器，禁止 BT 下载功能。

（5）重启路由器，观察一段时间后，没有再出现网速变慢的情况。

14.2.7　局域网内两台电脑不能互联

1. 故障现象

两台电脑的操作系统都是 Windows 8，其中一台是笔记本电脑，一台是台式电脑。两台电脑通过局域网使用 ADSL 共享上网，两台电脑都可以上网，但不能相互访问，通过局域网连接另一台电脑时提示输入密码，但另一台电脑根本就没有设置密码，传输文件也只能靠 QQ 等软件进行。

2. 故障诊断

要让 Windows 系统允许其他人访问，必须打开来宾账号。

3. 故障处理

（1）在被访问的电脑上打开"控制面板"窗口。

（2）在"控制面板"窗口中单击"用户账户和家庭安全"下的"添加或删除用户账户"选项，打开"管理账户"窗口。

（3）单击 Guest 账户，在"启用来宾账户"窗口中单击"启用"按钮，开启 Guest 账号。

（4）关闭窗口，从另一台电脑尝试登录本机，发现可以通过局域网登录访问了。

14.2.8　打开网上邻居时提示无法找到网络路径

1. 故障现象

公司内几台电脑通过交换机组成局域网，并通过 ADSL 共享上网。局域网中的电脑打开网上邻居时提示无法找到网络路径。

2. 故障诊断

由于在局域网中无法在网上邻居中查找到其他电脑，因此用 ping 命令扫描其他电脑的 IP 地址，发现其他电脑的 IP 地址都是通的，因此可能是网络中的电脑不在同一个工作组中造成的。

3. 故障处理

（1）打开"系统"窗口。

（2）在"计算机名称、域和工作组设置"选项栏中单击"更改设置"，弹出"系统属性"对话框。

（3）在"系统属性"对话框中单击"网络 ID"按钮，将工作组设置为同一个。

（4）将几台电脑都设置好工作组后，打开网上邻居，发现几台电脑都可以检测到了。

（5）登录其他电脑，发现有的可以登录，有的不能登录。

（6）检查不能登录电脑的用户账户，将 Guest 账号设置为开启。

（7）重新登录访问其他几台电脑，局域网中的电脑都可以顺利访问了。

14.2.9　代理服务器上网速度慢

1. 故障现象

一台神舟品牌笔记本电脑是校园局域网中的一台分机，通过校园网中的代理服务器上网。以前网速一直正常，今天发现网速很慢，查看其他电脑发现也都一样。

2. 故障诊断

一个局域网内的电脑全都网速慢，一般是网络问题、线路问题或者服务器问题等。

3. 故障处理

（1）检查网络连接设置和线路连接，没有发现异常。

（2）查看服务器主机，经检测发现服务器运行很慢。

（3）将服务器重启后，再上网测速，发现网速恢复正常了。

14.2.10 使用 10/100M 网卡上网时快时慢

1. 故障现象

通过路由器组成局域网，使用 ADSL 共享上网，电脑网卡是 10/100M 自适应网卡。电脑在局域网中传输文件或者上网下载时时快时慢，重启电脑和路由器后，故障依然存在。

2. 故障诊断

上网时快时慢，说明网络能够连通，应该着重检查网卡和上网软件的设置等方面是否存在问题。

3. 故障处理

（1）检查上网软件和下载软件，没有发现异常。

（2）检查网卡设置，发现网卡是 10/100M 自适应网卡，而网卡的工作速度设置为 Auto。这种自适应网卡会根据传输数据大小自动设置为 10M 或 100M，手动将网卡工作速度设置为 100M 后，再测试网速，发现网速不再时快时慢。

14.2.11 上网时出现脚本错误

1. 故障现象

用户在使用 IE 浏览器浏览网页时，出现"Internet Explorer 脚本错误"提示对话框，如图 14-7 所示。

图 14-7 "Internet Explorer 脚本错误"提示对话框

2. 故障诊断

造成此类故障的原因很多，如防病毒程序或防火墙未阻止脚本、ActiveX 和 Java 小程序，或者 IE 安全级别过高都有可能引起此类故障。

3. 故障处理

（1）首先检查防病毒程序或防火墙日志，未发现阻止 Internet 的脚本、ActiveX 和 Java 小程序。

（2）打开 IE 浏览器，选择"工具"→"Internet 选项"命令，打开"Internet 选项"对话框，切换到"安全"选项卡，发现安全级别设置为高，怀疑是安全级别设置导致问题。将安全级别调整为"中–高"，如图 14-8 所示。

（3）进行测试，发现不再出现错误提示，故障排除。

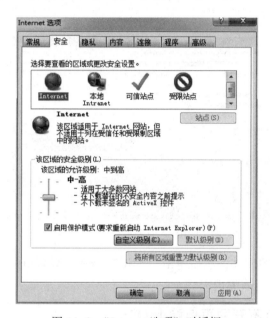

图 14-8　"Internet 选项"对话框

14.2.12　在 IE 浏览器中新建选项卡时速度很慢

1. 故障现象

用户在 IE 浏览器中打开新选项卡或新窗口时，速度很慢，会长时间显示"正在连接…"，如图 14-9 所示。

图 14-9　打开新连接

2. 故障诊断

根据故障现象分析，造成这一问题的原因可能是 IE 加载了额外的第三方插件、工具或扩展工具，也可能是因为网速较慢。

3. 故障处理

（1）检查浏览器的加载项。在 IE 浏览器中选择"工具"→"管理加载项"命令，打开"管理加载项"对话框，如图 14-10 所示。

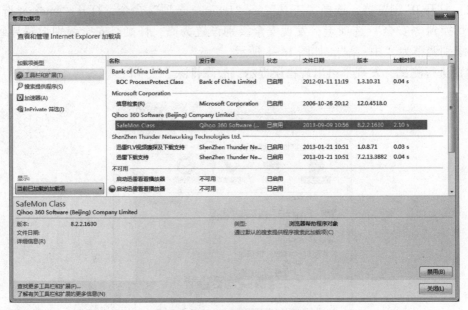

图 14-10 "管理加载项"对话框

（2）选择需要禁用的插件，然后单击"禁用"按钮，设置好后关闭对话框，进行测试，发现 IE 浏览器速度加快，故障消失。

14.2.13 电脑打不开网页但能上 QQ

1. 故障现象

用户反映，电脑能联网上 QQ，但是打不开网页。

2. 故障诊断

根据故障现象分析，可能是电脑感染了病毒，或是 DNS 服务器解析出错，或使用了代理服务器引起的。

3. 故障处理

（1）用杀毒软件查杀病毒，未发现异常。

（2）在 IE 浏览器中选择"工具"→"Internet 选项"命令，在打开的"Internet 选项"对话框中切换到"连接"选项卡，单击"局域网设置"按钮，打开"局域网（LAN）设置"对话框，如图 14-11 所示。

（3）取消勾选"自动检测设置"和"为 LAN 使用代理服务器（这些设置不用于拨号或 VPN 连接）"复选框，单击"确定"按钮，然后上网测试，网页可以正常打开，故障排除。

注意：如果是 DNS 服务器解析出错问题，则要重新设置 DNS 服务器。

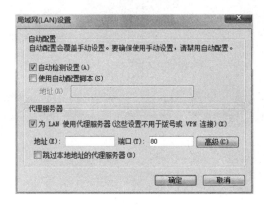

图 14-11　"局域网（LAN）设置"对话框

14.2.14　安装新网卡后电脑不能上网

1. 故障现象

一台笔记本电脑的自带网卡损坏，更换了一块 PCI 网卡后，发现网卡不能正常工作，有时甚至不能启动电脑。

2. 故障诊断

根据故障现象分析，此类故障可能是网卡的驱动程序没有安装好，导致网卡和系统中的其他设备发生中断冲突所致。

3. 故障处理

首先从网上下载最新驱动程序，重新安装网卡驱动程序，之后进行测试，网卡工作正常，故障排除。

14.3　高手经验总结

经验一：网络掉线故障通常都与路由器、Modem 等设备有关系，将这些设备断电重启，一般可以解决问题。

经验二：对于浏览器方面的故障，通常采用软件故障的通用排除方法，即卸载并重新安装。也可以使用其他浏览器来判定是否为系统原因造成的故障。

经验三：通过路由器上网时，最好给网络加密，这样可以防止他人使用网络而影响网络速度。

第15章

笔记本电脑死机及蓝屏故障维修实战

学习目标

1. 掌握 windows 系统死机故障的诊断方法
2. 掌握 windows 系统蓝屏故障的诊断方法
3. 电脑死机和蓝屏故障维修实战

学习效果

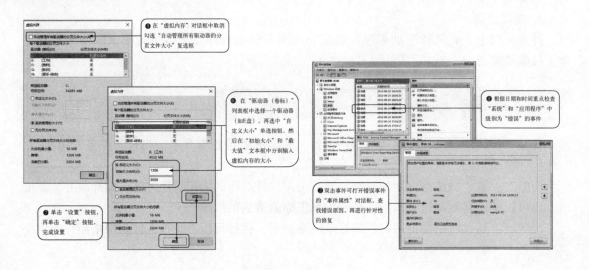

很多电脑用户都遇到过这样的事情，浏览网页或者用 QQ 聊天时电脑莫名其妙就突然卡住不动了，之后不管按什么键电脑都没有反应，要不就蓝屏。如果这时用户正在做非常重要的事情，又或者电脑经常出现这样的情况，用户一定非常着急。

15.1　知识储备

15.1.1　笔记本电脑死机故障

问答 1：什么是电脑死机？

死机是令操作者颇为烦恼的事情，常常使劳动成果付之东流。死机时的表现多为蓝屏，无法启动系统，画面"定格"无反应，键盘无法输入，软件运行非正常中断，光标停滞不动等。

问答 2：如何修复开机过程中发生死机的故障？

在启动笔记本电脑时，只听到硬盘自检声而看不到屏幕显示，或开机自检时发出报警声且电脑不工作，或在开机自检时出现错误提示等。

此时出现死机的原因主要有如下几个方面。

（1）BIOS 设置不当。

（2）电脑移动时设备遭受震动。

（3）BIOS 升级失败。

（4）CPU 超频。

开机过程中发生死机时的解决方法如下所述。

（1）如果电脑是在移动之后发生死机，则可以判断是电脑设备受到震动造成硬盘等设备工作不正常，导致调取启动文件失败，引起电脑死机。对于这种问题，只要硬盘没有受到很严重的损坏，一般将电脑关闭并重新启动即可恢复正常。

（2）如果电脑是在设置 BIOS 之后发生死机，则将 BIOS 设置改回来，如忘记了先前的设置项，可以选择 BIOS 中的"载入标准预设值"（即恢复出厂设置）。

（3）如果电脑是在 CPU 超频之后发生死机，则可以判断为超频引起电脑死机，因为超频加剧了在内存或虚拟内存中找不到所需数据的矛盾，一般将 CPU 频率恢复即可修复。

（4）如果屏幕提示"无效的启动盘"，则是系统文件丢失或损坏或硬盘分区表损坏导致故障，修复系统文件或恢复分区表即可解决问题。

（5）如果不是上述问题，检查笔记本电脑散热孔是否被堵，如果被堵，说明是 CPU 温度过高导致死机，将散热孔清理干净即可。

（6）如果故障依旧，最后用替换法排除可能存在的硬件兼容性问题和设备质量问题。

问答 3：如何修复启动操作系统时发生死机的故障？

在电脑通过自检，开始装入操作系统时或刚刚启动到桌面时，电脑出现死机。

此时死机的原因主要有如下几个方面。

（1）系统文件丢失或损坏。

（2）感染病毒。

（3）初始化文件遭破坏。

（5）非正常关闭电脑。

（6）硬盘有坏道。

启动操作系统时发生死机的解决方法如下所述。

（1）如启动时提示系统文件消失不见，则可能是系统文件丢失或损坏，从其他相同操作系统的电脑中复制丢失的文件到故障电脑中即可修复问题。

（2）如启动时出现蓝屏，提示系统无法找到指定文件，则为硬盘坏道导致系统文件无法读取所致。用 Windows PE 启动盘启动电脑，右击 C 盘盘符，选择"属性"命令，然后在打开的对话框中切换到"工具"选项卡，单击"开始检查"按钮，检测并修复硬盘中的错误和坏道即可。

（3）如没有上述故障，首先用杀毒软件查杀病毒，再重新启动电脑，看电脑是否正常。

（4）如还是死机，则用安全模式启动电脑（安全模式可以自动修复一些系统故障），然后再重新启动，看是否死机。

（5）如依然死机，恢复 Windows 注册表（如系统不能启动，则用 Windows PE 启动盘启动）。

（6）如依然死机，重新安装操作系统。

问答 4：如何修复使用一些应用程序过程中发生死机的故障？

电脑一直都运行良好，只在执行某些应用程序或游戏时发生死机。

此时死机的原因主要有如下几种。

（1）感染病毒。

（2）动态链接库文件（.DLL 格式文件）丢失。

（3）硬盘剩余空间太少或碎片太多。

（4）软件升级不当。

（5）非法卸载软件或误操作。

（6）启动程序太多。

（7）硬件资源冲突。

（8）CPU 等设备散热不良。

（9）电压不稳。

使用应用程序的过程中发生死机时的解决方法如下所述。

（1）用杀毒软件查杀病毒，再重新启动电脑。

（2）看打开的程序或网页是否太多，如是，关闭暂时不用的程序和网页。

（3）检查是否升级了软件，如是，将软件卸载再重新安装。

（4）检查是否非法卸载软件或误操作，如是，恢复 Windows 注册表尝试恢复损坏的共享文件。

（5）查看 C 盘空间是否太少，如是，删掉不常用的文件并进行磁盘碎片整理。

（6）查看死机有无规律，如电脑总是在运行一段时间后就死机或运行大的游戏软件时死机，则可能是 CPU 等设备散热不良引起故障，检查笔记本电脑是不是很热，看散热孔是否被堵，散热风力是否很弱。如风力不足，则及时更换风扇，改善散热环境。

（7）打开"设备管理器"窗口，查看硬件设备有无冲突（冲突设备一般用黄色的感叹号标记），如有，将其删除，重新启动电脑。

（8）查看所用市电是否稳定，如不稳定，配置稳压器。

15.1.2　电脑蓝屏故障

问答 1：什么是电脑蓝屏？

蓝屏是指由于某些原因，例如硬件冲突、硬件有问题、注册表错误、虚拟内存不足、动态链接库文件丢失、资源耗尽等问题导致驱动程序或应用程序出现严重错误，波及内核层。在这种情况下，Windows 中止系统运行，并启动"KeBugCheck"功能，检查所有中断的处理进程，同预设的停止代码和参数比较后，屏幕将变为蓝色，并显示相应的错误信息和故障提示的现象。

出现蓝屏时，出错的程序只能非正常退出，有时即使退出该程序也会导致系统越来越不稳定，有时则在蓝屏后死机，所以蓝屏人见人怕，而且产生蓝屏的原因是多方面的，软、硬件的问题都有可能，排查起来非常麻烦。图 15-1 所示为电脑蓝屏画面。

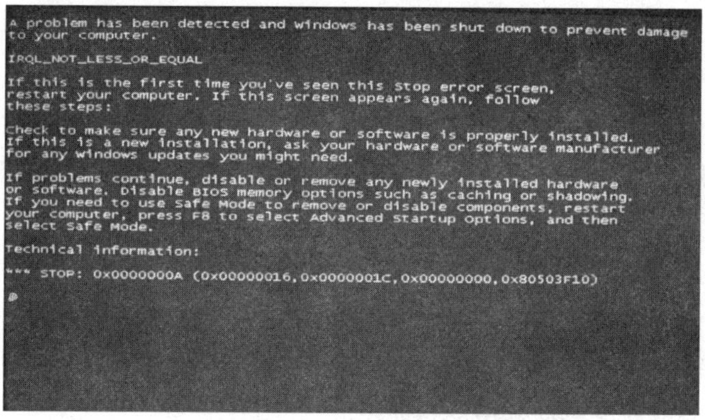

图 15-1　电脑蓝屏画面

问答 2：如何修复电脑蓝屏故障？

当电脑出现蓝屏故障时，用户如不知道故障原因，可首先重启电脑，接着按如下步骤进行维修。

（1）用杀毒软件查杀病毒，排除病毒造成的蓝屏故障。

（2）在 Windows 系统中，打开"控制面板"窗口，选择"小图标"查看方式，单击"管理工具"图标，在"管理工具"窗口中双击"事件查看器"选项，打开"事件查看器"窗口，在左侧窗格中展开"Windows 日志"选项，根据日期和时间重点检查"系统"和"应用程序"中级别为"错误"的事件，双击事件类型，打开错误事件的"事件属性"对话框，如图 15-2 所示。

（3）用安全模式启动系统，或恢复 Windows 注册表（恢复至最后一次正确的配置），来修复蓝屏故障。

（4）查询出错代码，错误代码中"＊＊＊ Stop:"至"＊＊＊＊＊＊ wdmaud. sys"之间的这段内容是错误信息，如"0x0000001E"，由出错代码、自定义参数、错误符号 3 部分组成。

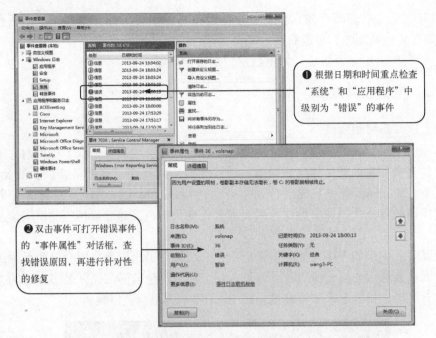

图 15-2　查看错误事件

根据故障代码查出故障原因，排除故障。

问答 3：如何修复虚拟内存不足造成的蓝屏故障？

如果蓝屏故障是由虚拟内存不足造成的，可以按照如下方法进行解决。

（1）删除一些系统产生的临时文件、交换文件，释放硬盘空间。

（2）手动配置虚拟内存，把虚拟内存的默认地址转到其他逻辑盘下。

具体方法如图 15-3 所示。

问答 4：如何修复超频导致蓝屏的故障？

如果电脑是在 CPU 超频或显卡超频后出现蓝屏故障，可以采取以下方法修复蓝屏故障。

（1）恢复 CPU 或显卡的工作频率（一般将 BIOS 中的 CPU 频率或显卡频率设置选项恢复到初始状态即可）。

（2）如果还想继续超频工作，可以为 CPU 增加一个散热底座，同时将 CPU 工作电压稍微调高，一般调高 0.05 V 即可。

问答 5：如何修复系统硬件冲突导致的蓝屏故障？

系统硬件冲突通常会导致冲突设备无法使用或引起电脑死机蓝屏故障，这是由于电脑在调用硬件设备时发生了错误。这种蓝屏故障的解决方法如下。

（1）排除电脑硬件冲突问题，在"控制面板"窗口中单击"设备管理器"图标，打开"设备管理器"窗口，接着检查是否存在带有黄色问号或感叹号标记的设备。

（2）如有带黄色感叹号标记的设备，先将其删除，并重新启动电脑，然后由 Windows 系统自动调整，一般可以解决问题。

（3）如果 Windows 系统自动调整后还是不行，可手工进行调整或升级相应的驱动程序。按图 15-4 所示进行操作即可调整冲突设备的中断。

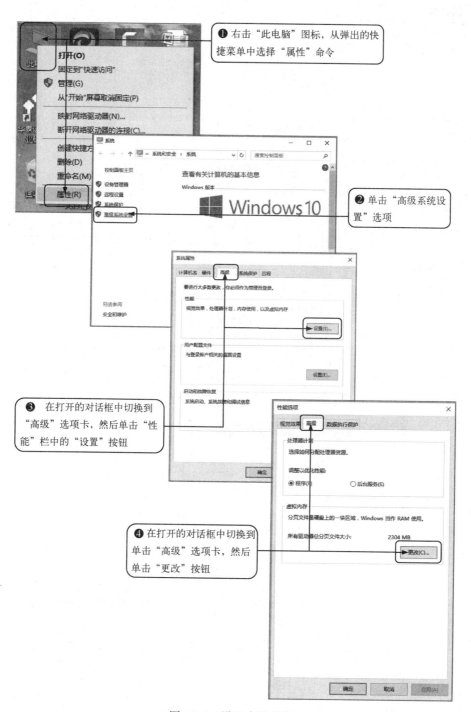

图 15-3　设置虚拟内存

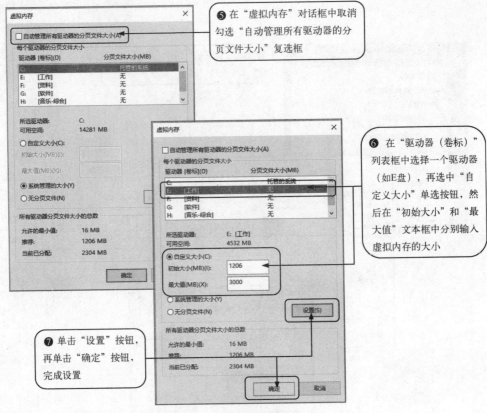

❺ 在"虚拟内存"对话框中取消勾选"自动管理所有驱动器的分页文件大小"复选框

❻ 在"驱动器（卷标）"列表框中选择一个驱动器（如E盘），再选中"自定义大小"单选按钮，然后在"初始大小"和"最大值"文本框中分别输入虚拟内存的大小

❼ 单击"设置"按钮，再单击"确定"按钮，完成设置

图 15-3　设置虚拟内存（续）

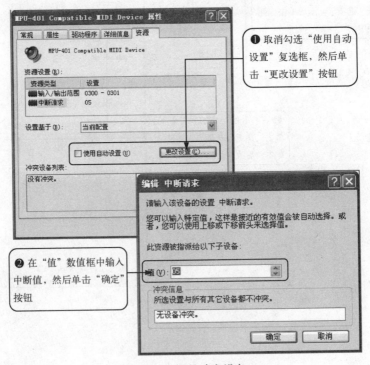

❶ 取消勾选"使用自动设置"复选框，然后单击"更改设置"按钮

❷ 在"值"数值框中输入中断值，然后单击"确定"按钮

图 15-4　调整冲突设备

问答 6：如何修复注册表问题导致的蓝屏故障？

注册表中保存着 Windows 系统的硬件配置、应用程序设置和用户资料等重要数据，注册表出现错误或被损坏通常会导致蓝屏故障发生，这种蓝屏故障的解决方法如下。

（1）用安全模式启动电脑，再重新启动到正常模式，一般故障会解决。

（2）如果故障依旧，用备份的正确的注册表文件恢复系统的注册表。

（3）如果还是不行，重新安装操作系统。

15.2　实战：笔记本电脑死机及蓝屏典型故障维修

15.2.1　安装 Windows 10 系统时笔记本电脑死机

1. 故障现象

一台联想品牌笔记本电脑，升级内存后，在安装 Windows 10 操作系统的过程中发生死机，无法继续安装。

2. 故障诊断

根据故障现象分析，由于笔记本电脑在之前升级了内存，怀疑是升级的内存与笔记本电脑不兼容引起故障。

3. 故障处理

首先将笔记本电脑关机，断开电源并取下升级的内存，然后重新安装系统，发现可以顺利安装完成，看来是升级的内存与笔记本电脑主板不兼容引起的故障。重新更换和原机内存同型号、同品牌的内存后再测试，电脑运行正常，故障排除。

15.2.2　笔记本电脑无规律死机

1. 故障现象

一台惠普品牌笔记本电脑，安装 Windows 10 操作系统，最近出现没有规律的死机，一般一天出现几次死机故障。

2. 故障诊断

死机故障比较复杂，造成死机故障的原因比较多，有软件方面的，也有硬件方面的，主要包括如下几种。

（1）感染病毒。

（2）显卡问题。

（3）电源工作不稳定。

（4）BIOS 设置有问题。

（5）系统文件损坏。

（6）注册表有问题。

（7）程序与系统不兼容。

（8）程序有问题。

3. 故障处理

由于死机没有规律，此类故障应首先检查软件方面的问题，然后检查硬件方面的问题，具体检修方法如下所述。

（1）卸载怀疑有故障的软件，然后进行测试，故障依旧。

（2）重新安装操作系统，安装过程正常，但安装后测试，故障依旧。

（3）怀疑硬件设备有问题，经查，此型号笔记本电脑的显卡有通病，即显卡运行不稳定，联系厂商更换显卡后，故障消失。

15.2.3　一玩 3D 游戏笔记本电脑就死机

1. 故障现象

一台戴尔品牌笔记本电脑平时使用时基本正常，看电影、处理照片等都没出现过死机，但只要一玩 3D 游戏就死机。

2. 故障诊断

根据故障现象分析，造成死机故障的原因可能是软件方面的，也可能是硬件方面的。由于电脑只有在玩 3D 游戏时才出现死机故障，因此重点检查与游戏关系密切的显卡。造成此故障的原因主要包括如下几种。

（1）显卡驱动程序有问题。

（2）BIOS 程序有问题。

（3）显卡有质量缺陷。

（4）游戏软件有问题。

（5）操作系统有问题。

3. 故障处理

此故障可能与显卡有关系，在检测时应先检测软件方面的原因，再检测硬件方面的原因。此故障的检修方法如下。

（1）更新显卡的驱动程序，从网上下载最新版的驱动程序，并安装。

（2）运行游戏进行测试，发现没有再出现死机故障。看来是显卡驱动程序与系统不兼容引起的故障，安装新的驱动程序后，故障排除。

15.2.4　笔记本电脑上网时死机不上网时正常

1. 故障现象

一台联想品牌笔记本电脑，不上网时可正常使用，但一上网，电脑就会死机。打开 Windows 任务管理器，发现 CPU 的使用率为 100%，如果将 IE 浏览器任务结束，电脑又恢复正常。

2. 故障诊断

根据故障现象分析，此死机故障应该是软件方面的原因引起的。造成此故障的原因主要有如下几种。

（1）IE 浏览器损坏。

（2）系统有问题。

（3）网线有问题。

（4）感染木马病毒。

（5）网卡有问题。

3. 故障处理

对于此类故障，应重点检查与网络有关的软件和硬件，检修方法如下。

（1）用最新版的杀毒软件查杀病毒，未发现病毒。

（2）将电脑连网，然后运行 QQ 软件，运行正常，未发现死机，因此网卡、网线等正常。

（3）怀疑 IE 浏览器有问题，安装搜狗浏览器并运行，故障消失。因此判断故障与 IE 浏览器有关，将 IE 浏览器删除，然后重新安装最新版 IE 浏览器，进行测试，故障消失。

15.2.5　笔记本电脑出现随机性死机

1. 故障现象

一台神舟品牌笔记本电脑，安装了 Windows 10 系统，以前一直很正常，最近总是出现随机性的死机故障。

2. 故障诊断

经了解，电脑以前一直使用正常，而且没有更换或拆卸过硬件设备，因此硬件故障的可能性较小。造成此故障的原因主要包括如下几种。

（1）CPU 散热不良。

（2）灰尘问题。

（3）系统损坏。

（4）感染病毒。

（5）电源问题。

3. 故障处理

对于此类故障，应首先检查散热方面的情况，再检查软件的原因。此故障的检修方法如下。

（1）检查笔记本电脑的散热孔，发现散热孔堆满了灰尘，几乎被堵死了，因此判断是笔记本电脑的散热不良导致电脑死机。

（2）打开笔记本电脑的外壳，清理散热孔和 CPU 风扇的灰尘，再开机测试，发现 CPU 风扇转速很低，工作不良。

（3）更换 CPU 风扇后开机测试，风扇工作正常，再测试运行情况，未发现死机故障，故障排除。

15.2.6　电脑无法启动且出现蓝屏

1. 故障现象

一台方正品牌笔记本电脑，开机启动时会出现蓝屏故障，并提示如下错误信息。

"IRQL_NOT_LESS_OR_EQUAL

***STOP：0x0000000A（0x0000024B，OX00000002，OX00000000，OX804DCC95）"

2. 故障诊断

根据蓝屏错误代码分析，"0x0000000A" 说明是由存储器引起的故障，0x00000024 说明 NTFS. SYS 文件出现错误（这个驱动文件的作用是允许系统读写使用 NTFS 文件系统的磁盘），所以此蓝屏故障可能是硬盘本身存在物理损坏引起的。

3. 故障处理

对于此故障，需要先修复硬盘的坏道，再修复系统故障。此故障的检修方法如下。

（1）用 Windows PE 启动盘启动电脑，然后运行 Windows PE 系统中的硬盘检测软件对硬盘进行检测。经检测找到坏扇区，选择恢复可读取的信息后退出。

（2）退出后重启电脑，开机测试，故障消失。

15.2.7　笔记本电脑玩游戏时出现"虚拟内存不足"提示并死机

1. 故障现象

一台联想品牌笔记本电脑，在玩魔兽游戏时，突然出现"虚拟内存不足"的错误提示后死机无法继续玩游戏。

2. 故障诊断

引起虚拟内存不足故障的原因可能是软件方面的，如虚拟内存设置不当，也可能是硬件方面的，如内存容量太少。造成此故障的原因主要有如下几种。

（1）C 盘中的可用空间太小。

（2）同时打开的程序太多。

（3）系统中的虚拟内存设置得太少。

（4）内存的容量太小。

（5）感染病毒。

3. 故障处理

对于此故障，应首先检查软件方面的原因，然后检查硬件方面的原因，检修方法如下。

（1）关闭不用的应用程序、游戏等窗口，进行检测，故障依旧。

（2）检查 C 盘的可用空间是否足够大，C 盘的可用空间为 25 GB，够用。

（3）重启电脑，再运行游戏，进行检测，发现过一会还出现同样的故障。

（4）怀疑系统虚拟内存设置太少导致故障，打开"系统"窗口，单击"高级系统设置"选项，在打开的"系统属性"对话框中切换到"高级"选项卡，在"性能"选项栏中单击"设置"按钮打开"性能选项"对话框，将虚拟内存大小设为 3 GB。

（5）设好后重新启动电脑，进行测试，发现故障消失，看来是电脑的虚拟内存太小引起的故障。

15.2.8　笔记本电脑出现代码为"0x000000D1"的蓝屏故障

1. 故障现象

一台惠普品牌笔记本电脑，系统启动时出现蓝屏故障，无法正常使用电脑，且蓝屏提示信息如下。

***STOP：0X000000D1（0X00300016。0X00000002。0X00000001。0XF809C8DE）

***ALCXSENS。SYS-ADDRESS F809C8DE BASE AT F8049000，DATESTAMP 3F3264E7

2. 故障诊断

根据蓝屏故障代码"0x000000D1"判断，此蓝屏故障可能是显卡驱动故障或内存故障引起的。

3. 故障处理

此蓝屏故障的检修方法如下。

（1）关闭电脑的电源，查看电脑散热状况，未发现问题。

（2）由于没有升级过电脑的内存，因此判断故障与内存没有关系，怀疑与显卡有关。

（3）下载新的显卡驱动程序，重新安装下载的驱动程序，然后进行检测，故障消失。

15.3　高手经验总结

经验一：电脑死机可能是由于系统文件损坏引起的，也可能是由于硬件不兼容引起的。排查故障时，一般先排除软件方面的故障，再排除硬件方面的故障。

经验二：当电脑出现蓝屏故障时，可以先重启电脑，用安全模式修复错误，如果故障未排除，应先排除系统方面的原因，再考虑硬件方面的原因。

经验三：死机和蓝屏故障有时候是同时出现的，原因可能是同一个，也可能不是同一个，排除故障时，可以先按照死机故障来排除，也可以先按照蓝屏故障来排除。

第 **16** 章

笔记本电脑病毒和木马故障维修实战

学习目标

1. 了解电脑中病毒后的现象
2. 掌握电脑病毒查杀方法
3. 掌握木马查杀方法
4. 掌握电脑病毒故障维修方法

学习效果

❶ 按〈Win+R〉组合键打开"运行"对话框，输入"regedit"后单击"确定"按钮，打开注册表编辑器

❷ 依次单击下面键前面的三角[HKKEY_LOCAL_MACHINE]→[SOFTWARE]→[Microsoft]→[Windows]→[CurrentVersion]，最后单击[RUN]子键，查看右边窗格中的启动项

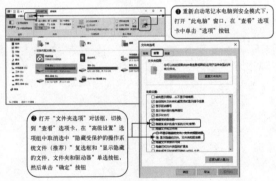

❶ 重新启动笔记本电脑到安全模式下，打开"此电脑"窗口，在"查看"选项卡中单击"选项"按钮

❷ 打开"文件夹选项"对话框，切换到"查看"选项卡，在"高级设置"选项组中取消选中"隐藏受保护的操作系统文件（推荐）"复选框和"显示隐藏的文件、文件夹和驱动器"单选按钮，然后单击"确定"按钮

　　用户经常会遇到系统无法正常启动、电脑经常死机、报告系统内存不足的情况。其实，很多时候，这些现象都是由病毒引起的。本章将重点介绍电脑感染木马和病毒后的处理方法。

16.1　知识储备

16.1.1　了解木马和病毒

问答 1：什么是电脑病毒？

　　所谓电脑病毒，是人为编写的一种特殊的程序，它能通过修改笔记本电脑内的其他程序，并把自身"贴"在其他程序之内，从而完成对其他程序的感染和侵害。简言之，笔记本电脑病毒是人为制造的，存储在存储介质中的一段程序代码。

　　笔记本电脑病毒的主要特性如下所述。

　　（1）隐蔽性。隐蔽性是指病毒的存在、传染和对数据的破坏过程不易被用户发现。

　　（2）传染性。传染性是指电脑病毒在一定条件下可以自我复制，能对其他文件或系统进行一系列非法操作，并使之成为一个新的传染源。这是病毒最基本的特征。

　　（3）破坏性。破坏性是指病毒程序一旦加载到当前运行的程序上，就开始搜索可感染的程序，从而使病毒很快扩散到整个系统上，破坏磁盘文件的内容、删除数据、修改文件、抢占存储空间，甚至对磁盘进行格式化。

　　（4）激发性。从本质上讲，病毒是一个逻辑炸弹，只要系统环境满足一定的条件，通过外界刺激可使病毒程序活跃起来。激发的本质是一种条件控制，不同的病毒受外界控制的激发条件也不一样。

　　（5）不可预见性。不可预见性是指病毒相对于防毒软件永远是超前的，理论上讲，没有任何杀毒软件能将所有病毒杀除。

　　从运作过程来看，电脑病毒可以分为 3 个部分，即病毒引导程序、病毒传染程序和病毒病发程序。从破坏程度来看，电脑病毒可分为良性病毒和恶性病毒；根据传播方式和感染方式不同，可分为引导型病毒、分区表病毒、宏病毒、文件型病毒和复合型病毒等。

问答 2：什么是木马？

　　木马也称木马病毒，可以通过特定的程序（木马程序）来控制另一台电脑。木马通常有两个可执行程序，一个是控制端，另一个是被控制端。

　　木马是目前比较常见的病毒文件，与一般的病毒不同，它不会自我繁殖，也并不"刻意"地去感染其他文件，它通过将自身伪装以吸引用户下载执行，向施种木马者提供打开被种主机的门户，使施种者可以任意毁坏、窃取被种者的文件、密码、股票账号、游戏账号、银行账号等，甚至远程操控被种主机。木马病毒严重危害着现代网络的安全运行。

问答 3：电脑中了木马或病毒后有哪些现象？

　　目前电脑病毒的种类很多，计算机感染病毒后所表现出来的"症状"也各不相同。针对电脑感染病毒后的常见现象及原因总结如下。

现象1：电脑操作系统运行速度减慢或经常死机。

有些病毒可以通过运行自己强行占用大量内存资源，导致正常的系统程序无资源可用，进而操作系统运行速度减慢或死机。

现象2：系统无法启动。

系统无法启动的具体表现为开机有启动文件丢失错误信息提示或直接黑屏，主要原因是病毒修改了硬盘的引导信息或删除了某些启动文件。

现象3：文件打不开或图标被更改。

很多病毒可以直接感染文件，修改文件格式或文件链接让文件无法正常使用。如"熊猫烧香"病毒就属于这一类，它可以让所有程序文件图标变成一只烧香的熊猫图标。

现象4：提示硬盘空间不足。

在硬盘空间很充足的情况下，如果还提示硬盘空间不足，那么电脑很可能感染了病毒。打开硬盘查看，发现硬盘中并没有多少数据，这是因为病毒复制了大量的病毒文件到磁盘中，而且很多病毒可以将这些复制的病毒文件隐藏。

现象5：数据丢失。

有时候用户查看刚保存的文件时，会突然发现文件找不到了。这一般是因为被病毒强行删除或隐藏了。这类病毒中，最近几年最常见的是"U盘文件病毒"。感染这种病毒后，U盘中的所有文件夹会被隐藏，并会自动创建出一个新的同名文件夹，新文件夹的名字后面会多一个后缀".exe"。当用户双击新出现的病毒文件时，用户的数据就会被删除掉，所以在没有还原用户的文件前，不要双击病毒文件夹。

现象6：显示器上出现异常显示。

显示器会出现的异常显示有很多，包括悬浮广告、异常图片等。

⠿⠿ 16.1.2　查杀木马和病毒

▐▌ **问答1：日常防范木马和病毒需注意哪些问题？**

日常使用笔记本电脑时要对木马和病毒进行防范，提前防范的效果比任何功能强劲的杀毒软件都好。关于笔记本电脑日常防护需要注意的问题总结如下。

（1）及时修补 Windows 系统及其他软件的漏洞（安装补丁）。

（2）安装杀毒软件及安全卫士或个人防火墙，并及时更新病毒库。

（3）不打开来历不明的邮件，特别是不明邮件中的附件。

（4）尽量不在各种网站下载游戏、软件（特别是各种免费的游戏、软件，记住天下没有免费的午餐）。

（5）取消各个分区的共享设置。

（6）取消 Guest 用户。有些木马程序就是通过 Guest 用户登录用户笔记本电脑的。

（7）设置复杂的用户名和密码。通过设置复杂的用户名和密码提高密码破译难度。

▐▌ **问答2：普通病毒如何查杀？**

笔记本电脑病毒会破坏文件或数据，造成用户数据丢失或毁损，抢占系统网络资源，造成网络阻塞或系统瘫痪，破坏操作系统等软件或电脑主板等硬件，造成电脑无法启动。因此必须及时发现并杀掉病毒。

笔记本电脑感染病毒后通常会出现异常死机，或程序装入时间增长、文件运行速度下降，或者屏幕显示异常、屏幕显示不是由正常程序产生的画面或字符串、屏幕显示混乱，或者系统自行引导，或者用户并没有访问的设备出现"忙"信号，或者磁盘中出现莫名其妙的文件和坏块、卷标发生变化，或者丢失数据或程序、文件字节数发生变化，或者打印出现问题、打印速度变慢或打印异常字符，或者内存空间、磁盘空间减小，或者磁盘访问时间比平时增长，或者出现莫明其妙的隐藏文件，或者程序或数据"神秘"丢失了，或者系统引导时间增长，或者可执行文件的大小发生变化等现象。

当笔记本电脑出现上述故障现象时，首先安装最新版的杀毒软件（如 360 杀毒、卡巴斯基等），然后查杀病毒。杀毒软件会自动检查有无病毒，如有病毒，杀毒软件会自动将病毒清除。

问答 3：木马如何查杀？

木马程序一般是为了盗取笔记本电脑用户的个人秘密、银行密码、商业机密等，而不是为了破坏用户的笔记本电脑，因此笔记本电脑感染木马后，系统一般不会损坏，只是由于木马运行需要占用笔记本电脑的资源，因此笔记本电脑的运行速度可能会变得比较慢，而且在不使用的时候，笔记本电脑看起来还是很忙。

如果笔记本电脑感染了木马，可以按照下面的方法进行处理。

（1）安装最新版杀毒软件和安全卫士，然后运行杀毒软件对电脑进行全盘扫描。

（2）手动查找木马病毒。手动查找木马病毒的方法如图 16-1 所示。

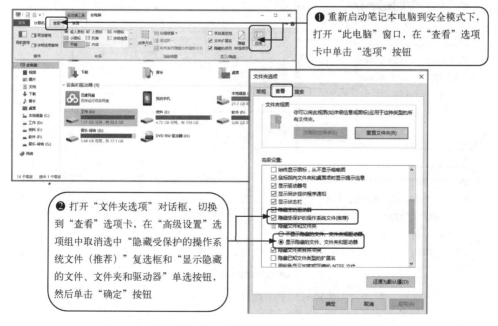

图 16-1　手动查找木马病毒

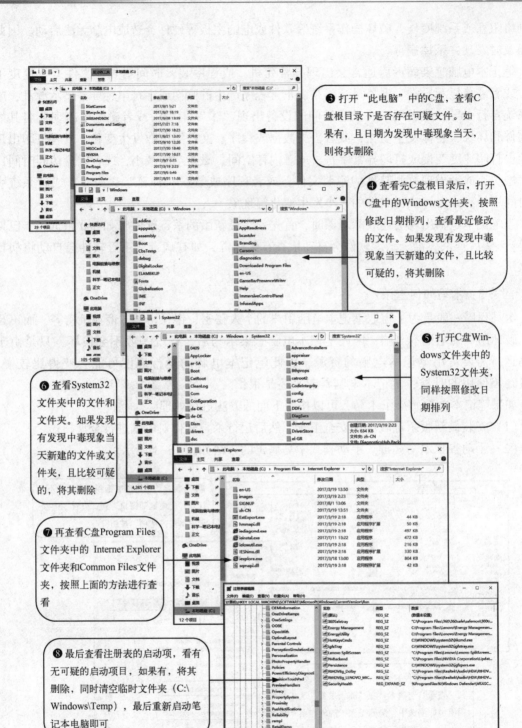

❸ 打开"此电脑"中的C盘，查看C盘根目录下是否存在可疑文件。如果有，且日期为发现中毒现象当天，则将其删除

❹ 查看完C盘根目录后，打开C盘中的Windows文件夹，按照修改日期排列，查看最近修改的文件。如果发现有发现中毒现象当天新建的文件，且比较可疑的，将其删除

❺ 打开C盘Windows文件夹中的System32文件夹，同样按照修改日期排列

❻ 查看System32文件夹中的文件和文件夹。如果发现有发现中毒现象当天新建的文件或文件夹，且比较可疑的，将其删除

❼ 再查看C盘Program Files文件夹中的 Internet Explorer文件夹和Common Files文件夹，按照上面的方法进行查看

❽ 最后查看注册表的启动项，看有无可疑的启动项目，如果有，将其删除，同时清空临时文件夹（C:\Windows\Temp），最后重新启动笔记本电脑即可

图 16-1　手动查找木马病毒（续）

提示：查看注册表启动项的方法如图 16-2 所示。

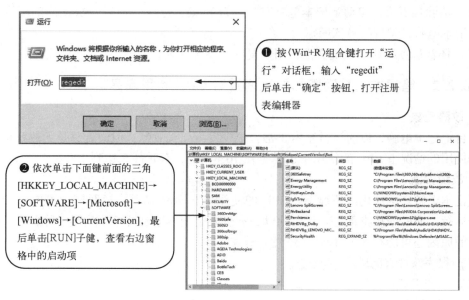

图 16-2　查看注册表启动项的方法

16.2　实战：木马与病毒故障维修

16.2.1　笔记本电脑开机后死机

1. 故障现象

一台联想品牌双核笔记本电脑，开始运行一切正常，突然某一天，启动后不论打开什么程序都会出现死机，笔记本电脑无法正常使用。

2. 故障原因

造成此故障的原因如下所述。

（1）感染病毒。

（2）系统损坏。

（3）硬盘有坏道。

（4）硬件间有兼容性问题。

（5）ATX 电源有问题。

（6）CPU 过热。

3. 故障处理

经了解，用户经常上网，而且笔记本电脑最近的速度比以前慢很多。根据故障现象分析，笔记本电脑可能感染了病毒。查看用户笔记本电脑上安装的杀毒软件，发现杀毒软件的版本较低。对于此故障，应首先检查软件方面的原因，然后检查硬件方面的原因，检修方法如下。

（1）用杀毒软件的光盘启动笔记本电脑，然后查杀病毒，发现笔记本电脑感染了多个病毒，看来笔记本电脑故障是病毒引起的。

（2）清除病毒后，启动笔记本电脑时按〈F8〉键，选择"最后一次正确的配置"选项启动笔记本电脑，发现故障依旧。

（3）怀疑病毒破坏了系统文件，用恢复盘将系统恢复，恢复系统后故障消失。

16.2.2　笔记本电脑频繁死机且闲置时 CPU 利用率高达 70%

1. 故障现象

一台笔记本电脑，以前运行基本正常，很少发生死机故障，但最近总是无故死机，而且发现不使用的情况下 CPU 的使用率也总是在 70%以上，有时甚至达到 100%。

2. 故障诊断

笔记本电脑在不使用的情况下，CPU 的使用率在 70%以上，说明笔记本电脑中有后台程序在运行。而一般病毒都是在后台活动，故怀疑笔记本电脑感染了病毒。除此之外，造成此故障的原因还可能有如下几种。

（1）程序软件有问题。

（2）系统损坏。

（3）硬盘有坏道。

（4）硬件间有兼容性问题。

（5）ATX 电源有问题。

（6）CPU 过热。

3. 故障处理

根据故障分析，对此故障应首先检查病毒的原因，然后检查其他方面的原因，解决方法如下。

（1）检查笔记本电脑中的杀毒软件，发现笔记本电脑安装的试用版杀毒软件已经过期。接着用装有正版杀毒软件的启动盘启动笔记本电脑，然后查杀病毒，结果查出很多蠕虫病毒。

（2）将病毒清除，进行测试，故障消失，CPU 使用率正常。

16.2.3　上网更新系统后笔记本电脑经常死机

1. 故障现象

一台双核笔记本电脑，系统运行基本正常，但最近上网时笔记本电脑自动进行了更新，自从更新完成后，笔记本电脑就开始运行不正常，经常发生死机。

2. 故障诊断

根据故障现象分析，用户上网更新了系统，因此怀疑故障是由更新系统和网上病毒引起的。造成此故障的原因还可能是如下几种。

（1）系统文件损坏。

（2）程序软件有问题。

（3）硬盘有坏道。

（4）硬件间有兼容性问题。

（5）电源有问题。

（6）CPU 过热。

3. 故障处理

对于此故障应首先检查系统和病毒原因，然后检查其他原因，解决方法如下。

（1）升级杀毒软件，查杀笔记本电脑，发现一个病毒，将其清除。

（2）重启笔记本电脑，测试发现故障依旧，看来系统可能有问题。

（3）重启笔记本电脑，启动时按〈F8〉键，在打开的启动菜单中选择"最后一次正确的配置"选项，从而恢复系统注册表。

（4）启动后，发现故障依然没有排除，接着用系统还原的方法将系统还原，还原后测试发现故障消失。可见故障是由病毒造成系统文件损坏引起的。

16.2.4 笔记本电脑启动一半又自动重启

1. 故障现象

某公司办公室的一台笔记本电脑，之间运行基本正常，但在某一天突然无法启动，总是启动到显示操作系统的启动界面后又自动重启。

2. 故障诊断

经了解，此笔记本电脑每天都需要用来上网联系客户，在故障出现前，没有误删除文件或做过非法操作，办公室的其他笔记本电脑都运行正常。根据故障现象分析，造成此故障的原因主要有如下几种。

（1）感染病毒。

（2）CPU 过热。

（3）电源损坏。

（4）市电电压不稳。

（5）硬盘损坏。

3. 故障处理

由于办公室其他笔记本电脑正常，因此最有可能引起故障的是感染病毒和 CPU 过热，检修方法如下。

（1）重启笔记本电脑，启动时按〈F8〉键，然后选择安全模式启动笔记本电脑，发现可以启动。启动后运行杀毒软件，查杀病毒，查出不少病毒，可见故障可能是病毒引起的。

（2）杀完毒后，重启笔记本电脑，还是无法启动，可见系统文件可能被病毒损坏。再用启动菜单中的"最后一次正确配置"选项启动笔记本电脑，发现还是无法启动。

（3）重新安装系统，安装完后进行检测，笔记本电脑运行正常，故障排除。

16.2.5 笔记本电脑运行很慢

1. 故障现象

一台双核笔记本电脑，开始运行速度很快，但最近发现笔记本电脑运行速度特别慢，打开资源浏览器还要等一会才能显示出窗口中的内容。

2. 故障诊断

经了解，该笔记本电脑中安装了杀毒软件，但用户一周才升级一次病毒库，而且用户每天晚上都上网聊天。根据故障现象分析，此故障可能是感染病毒引起。造成此故障的原因可能有如下几种。

（1）感染病毒。

（2）硬件不兼容。

（3）硬盘有问题。

（4）系统损坏。

3. 故障处理

对于此故障应首先检查病毒等软件方面的原因，然后检查其他原因，检修方法如下。

（1）启动笔记本电脑，将杀毒软件升级，接着运行杀毒软件查杀病毒，结果查出很多蠕虫病毒。

（2）清除病毒后，重启笔记本电脑进行测试，发现系统运行速度快了，可见是病毒导致笔记本电脑速度变慢。

16.2.6　局域网中的笔记本电脑突然变得总掉线

1. 故障现象

某公司内部办公局域网，之间使用一直正常，但某一天突然发现网络中的客户机无法正常上网，总是上网后 5 分钟左右就掉线。但服务器可以正常上网，而且局域网之间可以互相访问。

2. 故障诊断

上网掉线的原因很多，有软件方面的，也有硬件方面的。根据故障现象分析，由于局域网中的服务器可以正常上网，因此可以判断上网的硬件没有问题。造成此故障的原因主要有如下几种。

（1）网线太长。

（2）电磁干扰。

（3）网卡有问题。

（4）网络协议问题。

（5）感染病毒。

3. 故障处理

对于此故障应首先检查病毒等软件方面的原因，然后检查其他原因，检修方法如下。

（1）升级局域中的杀毒软件，然后对网络中的所有电脑都查杀病毒，结果查出了 ARP 病毒。

（2）清除病毒后，上网进行测试，发现网络中所有电脑都能正常上网，故障排除。

16.2.7　笔记本电脑掉线后必须重启才能上网

1. 故障现象

一台笔记本电脑，通过 ADSL 宽带网上网，开始使用很正常，但最近上网总是掉线，而且必须重新启动后才能正常上网。

2. 故障诊断

由于有的病毒会导致电脑上网时掉线，因此应重点检查病毒方面的原因。造成此故障的原因主要有如下几种。

（1）ADSL Modem 有问题。

（2）分离器有问题。

（3）网线太长。

（4）电磁干扰。

（5）网卡有问题。

（6）网络协议问题。

（7）感染病毒。

3. 故障处理

对于此故障应首先检查病毒等软件方面的原因，然后检查其他原因，检修方法如下。

（1）将杀毒软件升级到最新版，然后查杀病毒，结果查出了蠕虫病毒，接着将病毒清除。

（2）清除病毒后，上网测试，发现可以上网了，故障排除。

16.3　高手经验总结

经验一：当用户不用电脑却发现电脑的硬盘指示灯不停地闪动时，有可能有人正通过远程操控电脑或电脑病毒在后台工作，这时应对电脑进行病毒查杀和木马查杀。

经验二：当电脑无故死机、操作反应很慢、出现不正常的显示等情况时，说明电脑感染了病毒，应对电脑进行杀毒操作。

经验三：最好不要打开不熟悉的网站，不要登录色情网站，这样的网站通常都有木马程序，很容易让电脑感染木马和病毒。

推 荐 阅 读

Excel 2016 办公应用从入门到精通

书号：978-7-111-53870-7

定价：65.00

Office 2016 商务办公应用从入门到精通

书号：978-7-111-52274-4

定价：79.00（含 1DVD）

PowerPoint 2016 幻灯片设计

从入门到精通

书号：978-7-111-54427-2

定价：55.00

Word/Excel/PowerPoint 2016

办公应用从入门到精通

书号：978-7-111-55273-4

定价：65.00

Word/Excel 2016 办公应用

从入门到精通

书号：978-7-111-54748-8

定价：65.00